AR魔法恐龙乐园

陆地霸主NO.8

长棘将军 阿马加龙

U0337180

DINOSTAR 恐龙星际
長春出版社
国家一级出版社
全国百佳图书出版单位

阿玛加龙

Amargasaurus

重装巨“豪猪”

在认识这种奇特的恐龙之前，首先让我们来想象一条大鱼的背鳍。这面背鳍每一根鳍条都有几十厘米长，最长的部分超过65厘米，鳍条之间连接着厚厚的皮膜。然后把这面背鳍加装到一只10米长的蜥脚类恐龙身上。

这就是阿玛加龙了。阿玛加龙生活在白垩纪早期的南美洲阿根廷地区，是一种体型中等的蜥脚类恐龙。它们的身长大约10～13米，比起其他巨型蜥脚类亲戚，阿玛加龙是实打实的小个子。不过这个小个子仍然有差不多一辆中巴车的大小！

比例图

阿玛加龙小档案

拉丁文学名：*Amargasaurus*
名称含义：阿玛加峡谷的蜥蜴
中文名字：阿玛加龙
分类：蜥臀目·蜥脚类·梁龙类
食性：植食
体重：4吨
身长：13米
身高：3.5米
体型特征：颈部和背部上背着两面巨帆
生存时期：白垩纪早期
生活区域：南美洲阿根廷

阿玛加龙
的身体结构
Structure of Amargasaurus

植物收割机

阿玛加龙的颈部或许可以向两侧或上下灵活运动，加上使用尾巴和用双脚站立的可能性，它有能力可以到达地面以上大约5米的高度。颈部运动也可以帮助它吃低于身体的食物，故有学者研究推测它还能把头伸到水里，取食水中软嫩多汁的水生植物和藻类。

有着长鼻子？

有理论推测阿玛加龙等梁龙类恐龙有一个长鼻子。不过多数古生物学家则认为长鼻理论并没有古神经学的证据，因为如果阿玛加龙和梁龙这类蜥脚类恐龙要像大象一样控制长鼻，那么它需要硕大的面部神经。显然阿玛加龙的面部还没有那么大的面积。

鞭状的长尾

和其他梁龙类亲戚一样，阿玛加龙也有一条鞭子一样的尾巴。如果有不识趣的肉食龙来找麻烦，阿玛加龙只要挥一挥这条鞭子就能把它们击退。这条挥动起来可以超过音速的鞭子打在肉食恐龙身上会造成严重的伤害，任何捕食者都不会愿意挨上一下。

脚部如锚的大爪

阿玛加龙的指骨与掌骨排列成垂直柱状，横剖面为马蹄形。它们的四肢可能只有前肢的第一趾具有趾爪，而这一趾爪非常大，两侧平坦，且不与掌骨相连接。这个巨大趾爪的功能仍未知，可能用来牢牢地抓住脚下的泥土防止意外摔倒。这种趾爪也可能用来攻击来犯的肉食恐龙。当阿玛加龙用两条后腿短暂站立高抬前肢的时候，所有掠食者最好都离得远远的。

阿玛加龙 *Mysterious Spine of Amargasaurus* 谜一般的棘刺

迷雾重重的“荆棘林”

阿玛加龙的棘刺构造其实是继承了梁龙类的特征，其背部的神经棘继续演化，最后变成高耸的两排。这些棘在颈部达到最高65厘米，并且是一对对的平行排列。这个排列一直沿着背部，至臀部逐渐减少高度。对比其他蜥脚类恐龙，阿玛加龙算是一个小个子。不过它的脖颈要比其他的巨人亲戚灵活得多。因此一些科学家认为阿玛加龙可能会利用灵活的脖子晃动上面的骨棘，发出咔啦咔啦的响声来威吓掠食者。

散热功能

有古生物学家认为这些神经棘之间有皮膜，形成两面巨帆，在巨帆中有血管通过，因而巨帆有可能会起到吸收太阳的热量来加温血液的作用，也可能是靠让风吹过这两面巨帆来释放体内过多的热量。

战斗功能

这两排巨帆是阿玛加龙的最大特征，其实它们是神经棘上锐利的棘刺，这些棘刺呈圆柱形。这说明它生前棘刺上面可能包裹着角质，实际长度可能远远超过这些棘刺的长度。阿玛加龙的棘刺从头部到背部的背骨中长出，看上去非常吓人，它们可能是一种武器，可以用力地戳向天敌。但这些棘刺实际上纤细且容易折损，所以这个假说充满了疑问。

强化功能

阿玛加龙两排高耸的巨帆可能不仅仅是棘刺，而是在上面附着有敦实的肌肉。粗壮的、高耸的脖子可能会使阿玛加龙显得高大无比，从而使自身免遭肉食性恐龙的猎杀。

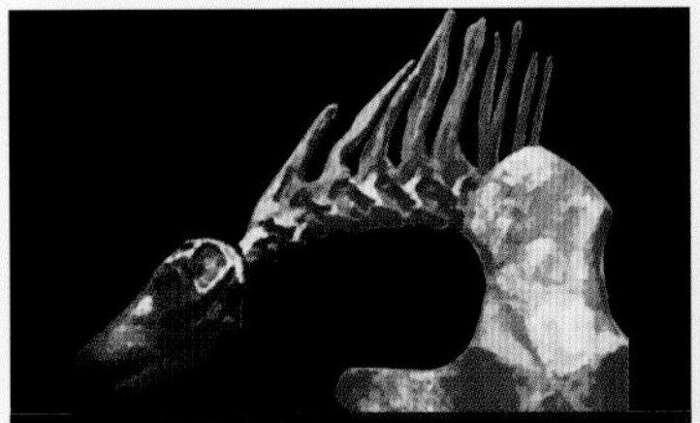

阿马加龙化石

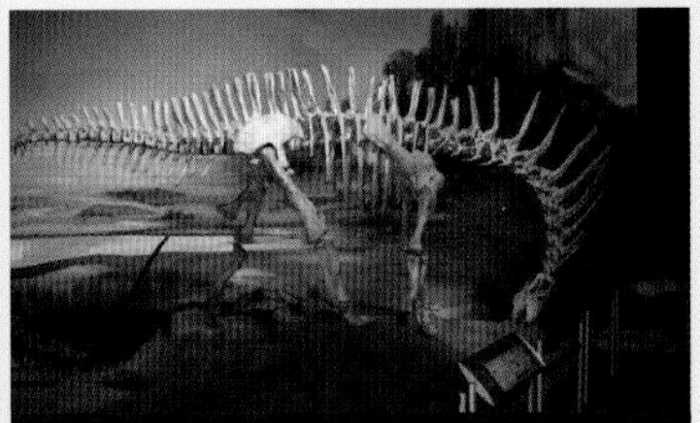

阿马加龙骨骼化石

阿玛加龙的故事

The Story of Amargasaurus

——重装“豪猪”的厄运

白垩纪早期的阿根廷，开阔的巴塔哥尼亚平原上，大片的南洋杉顺着山脉的走向形成了一片片黑色森林。森林边缘一些低矮的植物则是阿玛加龙最喜爱的食物，它们就像吸尘器一样源源不断地把植物的枝叶吞进肚子里。一小群阿玛加龙顺着森林边缘一路前行，啃食着低矮的植物。这些长着长棘的蜥脚类来到这里是为了寻找一块适宜的产卵地。蜥脚类恐龙更加青睐森林边缘的产卵地，这样一来刚孵化的幼龙就可以得到森林的保护，而且森林中也有充足的植物来供这些胃口巨大的小家伙们长大。

1 每年的初夏时节，成百上千的阿玛加龙都会集结为一个个超大规模的繁殖队伍，由于体型问题，成年阿玛加龙不容易钻进密林，它们把蛋产在平原与丛林的交界处，之后的事情就听天由命了。这几头紧张的阿玛加龙是迟来的母龙，规模最庞大的龙群早已经离开很久了。

2 雌性阿玛加龙们走进树木稀疏的森林边缘开始产卵。这些蜥脚类恐龙和它们的梁龙亲戚一样，将卵产在后腿踢出的土坑里。但是它们没有发现，它们已经被三头鲨齿龙盯上了。这些猎手鬼鬼祟祟地穿行在森林的阴影里，慢慢地接近阿玛加龙群，等待着一个合适的攻击机会。

3 趁着雌性恐龙们产卵过后开始休息的时候，狡猾的鲨齿龙们开始了狩猎。这些可怕的猎手从藏身的阴影中一跃而出，企图把阿玛加龙群分割开来。群体中的阿玛加龙们很快围成一圈，用长长的骨棘和鞭子一样的尾巴对着敌人，使鲨齿龙无从下口。

4 猎手的策略还是生效了。有一只刚产完卵的阿玛加龙来不及回到群体。它刚从树林中探出头来就被鲨齿龙发现。很快猎手们将目标从龙群转移到这头阿玛加龙身上，这只可怜的家伙注定难逃一劫了。

5 没有了群体的力量，对付掠食者时单只恐龙的抵抗只能是徒劳的。面对盲目奔逃的阿玛加龙，鲨齿龙轮番进攻。阿玛加龙想回身躲避，可是密集的桫椤挡住了它回旋的余地。猎手把大脑袋一扬，一下子咬住了阿玛加龙的脖子，此时一头母鲨齿龙飞快地扑上前来，对准可怜的阿玛加龙脖子又是一口……

阿玛加龙的化石非常稀有，目前只有一件较为完整的骨骼，包括了头骨的后部，及所有的颈椎、背椎、荐椎，与部分的尾椎；右侧的肩带、左前肢及后肢、左肠骨等。目前研究依然在继续中，更多的谜团将在未来慢慢揭开。

我们无法知道恐龙的确切颜色，但一些拥有巨大背帆和骨板的恐龙，比如剑龙、棘龙和阿玛加龙等，它们的颜色可能会相当显眼。在动物界，一个凸出的身体部分用作展示的例子有很多，比如军舰鸟的喉囊和雄鸡的鸡冠。另一些长有显眼大角的动物比如麋鹿，它们不只是会用角来炫耀和展示，还会把这种结构应用到战斗中去。阿玛加龙的这种结构可以使它看上去更大，让肉食恐龙攻击的时候找不到下口的位置。另外，雄性阿玛加龙也可能会互相展示彼此的背帆来争夺群体的领导权和交配权。

在阿玛加龙生存的同时期，大型的蜥脚类恐龙依然繁荣，它们的邻居就有萨帕拉龙（Zapalasaurus）等。这表明，基础梁龙科比过去所认为的衍化得还要更加复杂。

阿玛加龙
的谜团
Mystery of Amargasaurus

阿玛加龙
的发现
Discovery of Amargasaurus

阿玛加龙是于1991年由阿根廷古生物学家莱昂纳多·萨尔加多和约瑟·波拿巴命名的，化石就发现于阿根廷内乌肯省的阿玛加峡谷。“阿玛加”同时也是一个附近村庄及发现化石的地层的名字，这个名词的源头是西班牙语中“苦味”。

阿玛加龙属下有一个种，学名是卡氏（A.cazaui），这是古生物家为了纪念发现化石的卡加尔博士，他是一个石油公司的地质学家。

古生物学家波拿巴

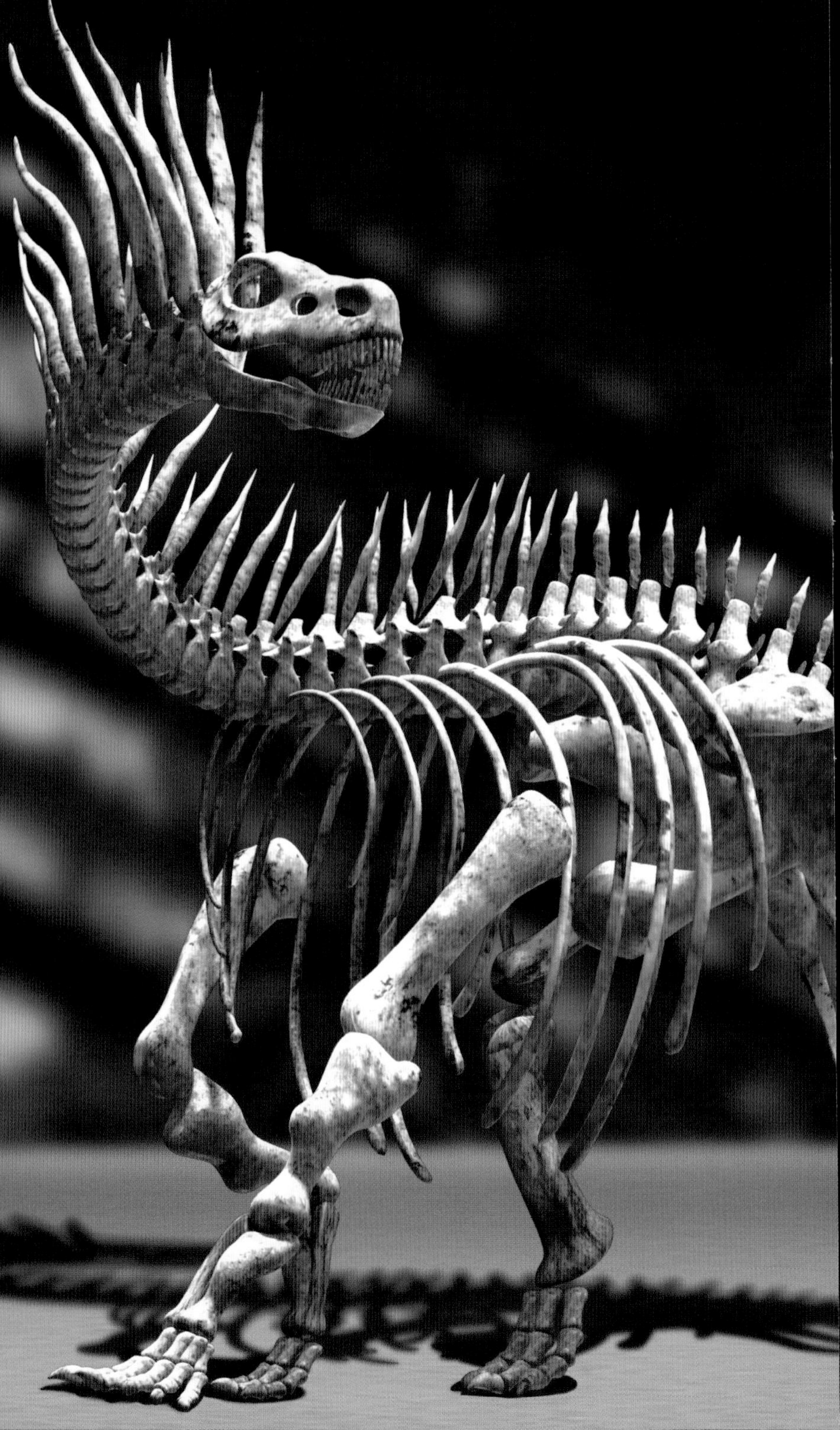

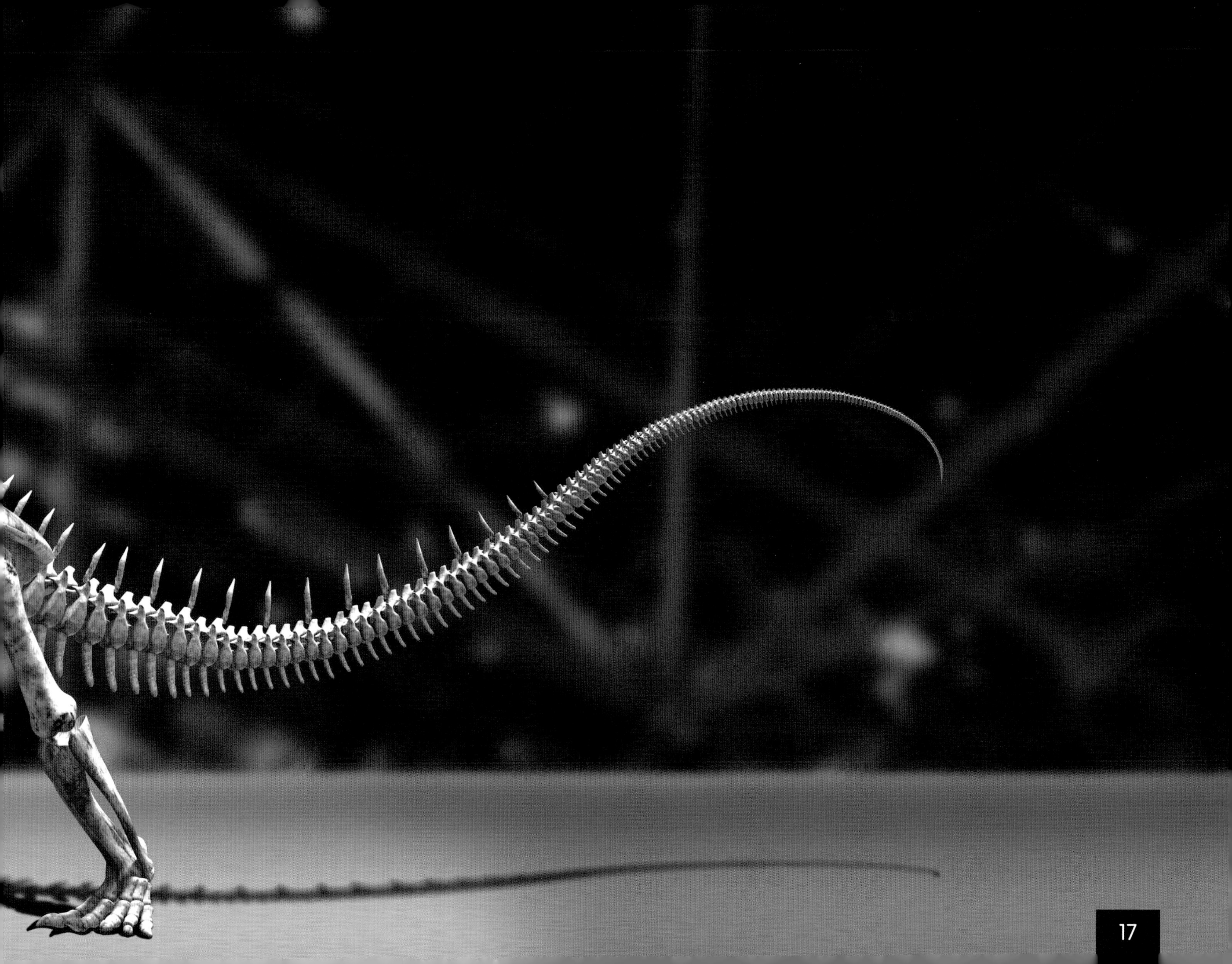

“苦味”的阿玛加龙

阿玛加龙尝起来的味道如何？这恐怕只有以它们为食物的鲨齿龙才知道了。不过无论如何，阿玛加龙是苦味的可能性都不是很大。之所以提到“苦味”，与阿玛加龙学名的由来有关。“阿玛加”这个词与阿玛加龙的发现地有关。这个词同时代表了阿玛加龙的发现地阿玛加峡谷，发现化石的底层以及附近的一个村庄。究其源头，这个词是来自于西班牙语中的“苦味”。那里在16世纪随着阿根廷地区沦为西班牙的殖民地，西班牙语开始慢慢在当地普及开来，直到今天成为阿根廷的官方语言。

阿玛加龙的头部和颈部

保存在墨尔本博物馆的阿玛加龙骨骼装架模型。从侧前方看过去，阿玛加龙的两排背部骨棘十分惹眼。这些圆柱形的骨棘在阿玛加龙生前可能还包裹着角质层，所以它们实际上可能比我们现在看到的还要更长。类似迷惑龙，阿玛加龙也有着棒状的牙齿，方便它们把最喜爱的叶子从树上耙脱下来，吞入肚中。

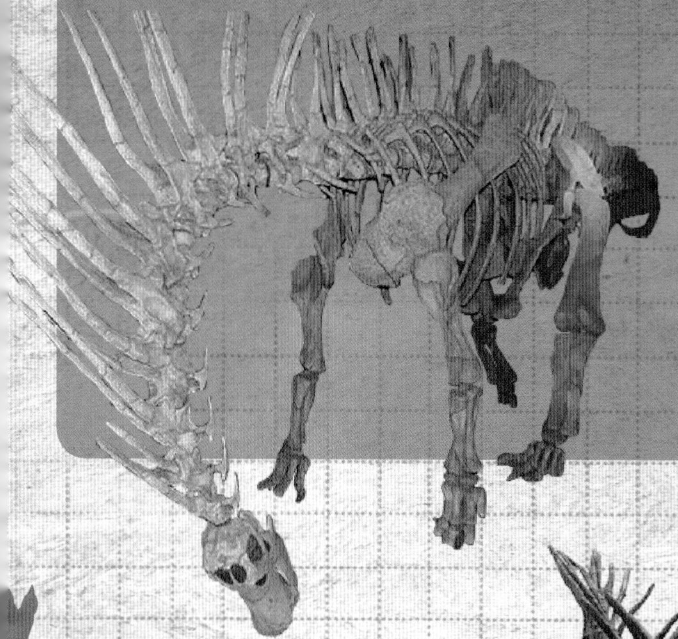

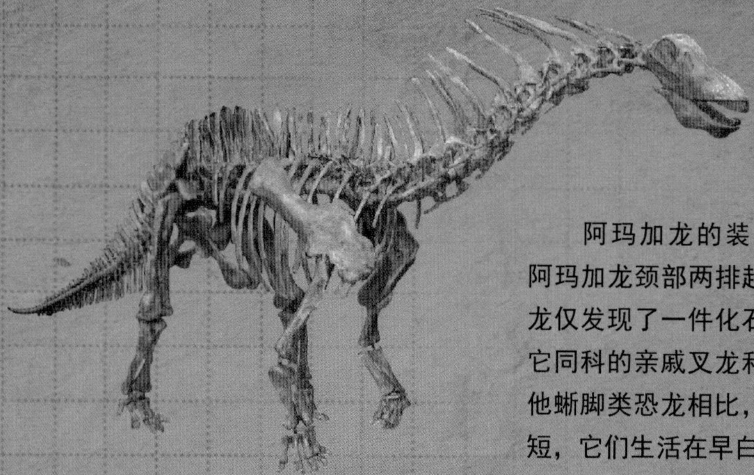

阿玛加龙的装架模型。图片中可以看到阿玛加龙颈部两排超长的骨棘。实际上阿玛加龙仅发现了一件化石，它的很多细节都是根据它同科的亲戚叉龙和短颈潘龙来复原的。与其他蜥脚类恐龙相比，叉龙科的恐龙脖子相对较短，它们生活在早白垩纪的非洲和南美洲。

意大利比萨自然历史博物馆中展出的卡氏阿玛加龙和食肉牛龙的装架模型。虽然这两种恐龙都发现在阿根廷的巴塔哥尼亚，但是它们的生存年代相差了上百万年。阿玛加龙生活在白垩纪早中期，而食肉牛龙到了白垩纪晚期7200万年前才出现。

180°
360°
AR 科学体验

AR魔法恐龙乐园

陆地霸主NO.6

食鱼巨头|棘龙

DINOSTAR
恐龙星际

長春出版社
国家一级出版社
全国百佳图书出版单位

棘龙 *Spinosaurus*

鱼儿的终极梦魇

若要问《侏罗纪公园Ⅲ》中什么恐龙最凶猛，那肯定是那个背上长有高高棘帆的大家伙了。它可以说是整部电影中的绝对主角，特别是其在森林中与暴龙相遇进行搏斗，最后竟将后者置于死地，成为许多影迷和古生物爱好者们津津乐道的话题。这种长着鳄鱼嘴的恐龙就是棘龙，它属于兽脚类中的棘龙类，这一类恐龙生活在距今1.6亿～0.9亿年前白垩纪的非洲大陆。

棘龙类的一个共同点就是有像鳄鱼一样窄而长的嘴。这些长嘴里面布满了圆锥形的尖牙，是对付滑溜溜的鱼的利器。这种巨大的肉食恐龙在雨季可能以鱼为主食，它们把细长的吻部探入水中等待鱼儿靠近，吻部后方的鼻孔可以使它免遭呛水的困扰。

棘龙小档案

拉丁文学名：*Spinosaurus*
名称含义：有棘的蜥蜴
中文名字：棘龙
分类：蜥臀目 · 兽脚类 · 棘龙类
食性：肉食
体重：10吨
身长：14米
身高：5.5米（含背帆）
体型特征：背椎的神经棘形成帆状物
生存时期：白垩纪中到晚期
生活区域：非洲摩洛哥、埃及

棘龙的身体结构

Structure of Spinosaurus

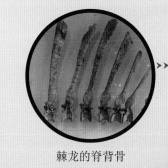

棘龙的脊背骨

前后肢比例合理

不像暴龙的小短手那么极端，棘龙的前后肢比例比较合理。它的前肢较长，而且灵活强壮，末端长有3个超过30厘米长的大爪子，是极其有效的捕猎工具。如果棘龙想要猎杀鸭嘴龙这样的恐龙，它们可能会用强壮的前爪去扑杀，并将猎物牢牢按住。

恐怖的大头

棘龙的颅骨可长达1.75米，仅次于南方巨兽龙1.8米的大脑袋。其中嘴巴就占了1米。棘龙的嘴巴看上去与鳄鱼的嘴巴几乎没什么两样，就连嘴巴前缘的上凹也“山寨”了！通过扫描化石，科学家发现棘龙的鼻尖部分有着类似鳄鱼的水压探测器官。这意味着棘龙可以只把长嘴探入水中，不需要盯着水面就可以感觉到鱼儿会从哪个方向过来。

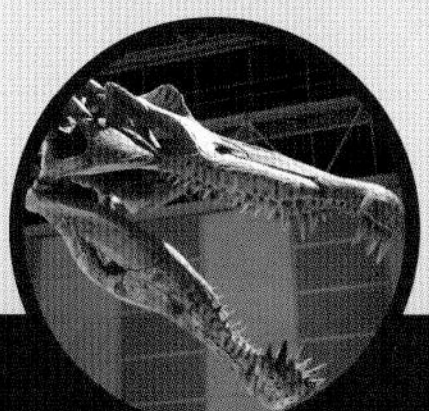

捕食的“钩子”

棘龙的前上颌骨牙齿与上颌骨的大型牙齿间形成一个缺口，此缺口与下颌的大型牙齿互相咬合。古生物学家起初对此大惑不解，后来认为这可能有利于捕鱼的时候“卡”住光溜溜的鱼身。不管到嘴的鱼儿再怎么挣扎，都会被这个“钩子”牢牢扣住，无法逃脱。

圆锥形的牙齿

不同于其他兽脚类恐龙的餐刀形牙齿，棘龙的牙齿是圆锥形的，表面有纵向的平行纹。这样的特征是鳄鱼等食鱼爬行动物所特有的，这种结构可以使鱼肉的碎屑不会贴在牙齿上。在棘龙捕鱼的时候，这种圆锥形的尖牙可以轻易刺穿鱼的鳞片，将滑溜溜的猎物固定在嘴里。

棘龙的标志性背帆 Symbolic Sail of Spinosaurus

神秘的“背帆”

棘龙背部的帆状物是由非常高大的神经棘构成的，这些神经棘从背部脊椎骨的顶端延伸出来。神经棘的长度约是脊椎骨的7～11倍长，更有夸张的达到1.8米。这些神经棘的前后长度较为一致，整体形成一个半月形的帆状物，看起来就像小船上扬着的风帆。

散热功能

背帆上覆盖着一片薄皮，皮里面布满了微血管，血管会将身体里多余的热量带出来，由空气带走，起到散热的作用。散热的理论也是目前的主流学说。在炎热的气候中棘龙可能会将这块大帆迎着风，使过高的体温迅速下降。

储存功能

也有一些古生物学家指出棘龙的背帆就像骆驼的驼峰，可以用来储存脂肪，在干旱和缺少食物的日子维持生存。因为这些背棘并非细棒，而是前后轴宽阔，类似水牛的背脊，所以棘龙的背棘应该足以支撑起背上比较厚、比较肥大的组织。

棘龙骨架

吸能作用

背帆上布满了具有跟太阳能电池板上硅层相似用途的特殊细胞，在日间吸收太阳能，储存在某一个特殊组织中。等夜间天气寒冷的时候（沙漠的温差很大：日间50℃，夜间-10℃），保持可以用来活动的能量。

棘龙的故事 *The Story of Spinosaurus*

——食物之争

夜晚刚刚过去，太阳在海平面上还只是一条金线。忍受了一夜寒冷的棘龙推开了丛林边几棵小树走了出来，它边走边抖落身上的露水。来到海边，棘龙把后背宽大的背棘对向太阳，然后让更多的血液进入背棘。随着太阳逐渐露出海面，棘龙的体温也在逐渐升高。暖和了的棘龙并没有急着离开，它继续在温暖的海滩上漫步，顺便吞食着那些冲上岸的死鱼。

1 当棘龙决定离开平坦的海滩回到丛林时，时间已经接近中午了，它需要找一个凉快的地方度过一天中最炎热的时段。丛林中的小虫子在棘龙敏感的眼睛和鼻子周围飞来飞去，它不停地摇晃着脑袋，试图用前肢把这些讨厌的小东西都拍下来，但很快它发现这都是徒劳。

2 不远处，一具潮汐龙的尸体在海水的浸泡下，已经散发出腐烂的味道。这具尸体就像一个庞大的快餐厅，吸引着众多动物前来大快朵颐，许多小恐龙和翼龙都从这具尸体上拽下肉块儿来食用，一头巨大的帝鳄也在撕扯着潮汐龙的尸体，每一次巨嘴的开合都会扯下一块儿肉来。

3 很快，尸体的气味把正在丛林边避暑的棘龙也吸引来了。棘龙的嗅觉是非常灵敏的，但如今它的鼻腔里满是潮汐龙尸体的味道，因此并没有发现潮汐龙身后隐藏着的巨大帝鳄。

4 显然帝鳄对棘龙的到来并不欢迎，它冲出了水面，趴到潮汐龙的脖子上，发出巨大的声响，希望可以赶走这个家伙。被惊吓到的棘龙则更加愤怒，它挥舞着前肢，向帝鳄咆哮着。双方都在拼命地恐吓对手，但是谁也没有绝对的把握制服对方。

5 双方就这么对峙着，北非的烈日非常酷热，棘龙的体温上升得很快，最后不得不放弃了。棘龙一边后退一边低沉地吼着，警告帝鳄不要靠近，帝鳄也没有继续纠缠下去的欲望，一场大战就这么化解了。

古生物学家目前仍然不能完全确定棘龙的食性，棘龙究竟是陆地掠食动物，还是鱼食性动物？棘龙拥有延长的嘴部、圆锥状牙齿，以及较高的鼻孔，这些特征都类似现代鳄鱼，显示它们可能是鱼食性。而棘龙食性的一个间接证据来自于它们的近亲，居住于欧洲与南美洲的重爪龙。学者曾在重爪龙的体腔中，发现了一些鳞齿鱼的鳞片；而另一个重爪龙标本的胃部曾发现幼年禽龙的骨头。

有趣的是，古生物学家发现一具白垩纪的翼龙化石的颈椎嵌入了一颗牙齿。这颗牙齿的主人被鉴定为棘龙，这直接证明了棘龙的食谱中除了鱼类，还包括其他食物，比如这只倒霉的翼龙。

所以，古生物学家认为棘龙可能属于那种无特定目标、有着多种食物来源的掠食动物，可用“白垩纪大灰熊”来形容它们，平常偏好捕食鱼类，但也会寻找许多小型到中型的猎物为食。

2010年，古生物学家测试了棘龙牙齿中的氧同位素组成，并与重爪龙、激龙、暹罗龙等恐龙以及同时代的乌龟、鳄鱼等互相比较，结果非常令人吃惊。研究人员发现棘龙牙齿的数值更接近同一地区发现的乌龟和鳄鱼，而不接近同一地区的兽脚类牙齿。因此，研究人员推测棘龙是半水生动物，可在陆地、水域中生存，以避免与当地的大型兽脚类恐龙、大型水生鳄鱼直接竞争食物。

棘龙的食性之谜

Mystery of Spinosaurus

棘龙
的发现
Discovery of Spinosaurus

早在1912年，德国古生物学家斯托莫尔就在埃及发现过棘龙的化石。斯托莫尔表示，这一肉食性恐龙体型比暴龙还大。1915年，这种长有巨大背帆的动物被命名为棘龙。这些骨架后来被运送到德国慕尼黑德意志博物馆。在运送的过程中其中一部分遭到损坏。但更不幸的是，在1944年，存放这一化石的慕尼黑博物馆在盟军的空袭中被炸毁，那具棘龙化石也随之化为乌有。

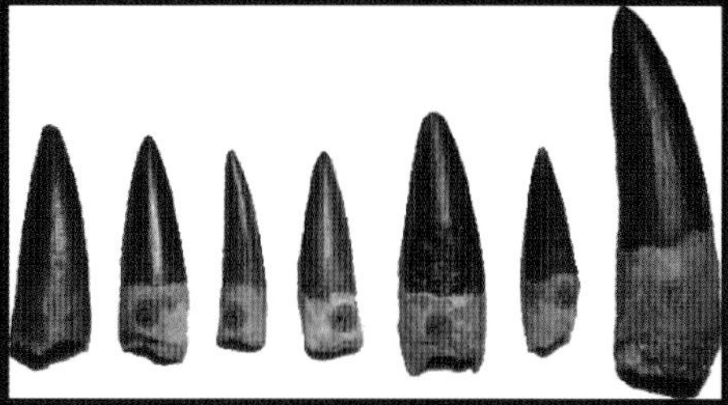

棘龙的牙齿化石

后来，意大利国家自然历史博物馆的古生物学家萨索从本国私人收藏者那获得了一具来自摩洛哥的破损严重的棘龙头骨，同时从芝加哥自然历史博物馆得到一部分未经分析的骨骼，研究之后，他确认棘龙的体型将超越之前古生物学家所知道的任何肉食性恐龙。

在2001年的电影《侏罗纪公园 III》中，棘龙被描述成比暴龙还要大型、强壮的动物，它甚至在一个战斗场景里击败并杀死了暴龙。而在恐龙的现实世界中，这是不可能发生的事情。因为棘龙与暴龙生存在不同大陆，时间也相差了数百万年之久。

棘龙 化石的噩运

在白垩纪早期称雄北非的棘龙可能怎么也不会想到，过了上千万年之后，已经死去变为化石的它又再“死”了一次。在二战期间，许多珍贵的化石被德军运送到德国慕尼黑的德意志博物馆。而到了二战后期，在一次盟军的空袭中，这个博物馆惨遭炸毁，棘龙的模式标本也随之灰飞烟灭。在这场劫难中，除了埃及棘龙的模式标本，包括鲨齿龙、三角洲奔龙、巴哈利亚龙、埃及龙、钉状龙和腔鳄等的模式化石在内的许多珍贵化石也同时被毁。这实在是人类自然科学史上的一次重大损失。

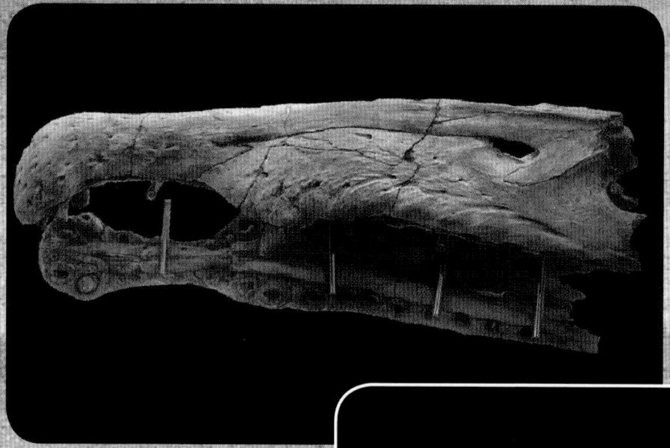

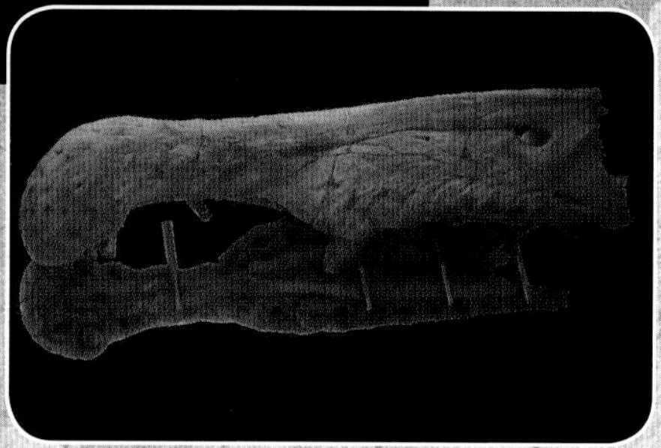

埃及棘龙的上颌，保存在米兰市自然历史博物馆。

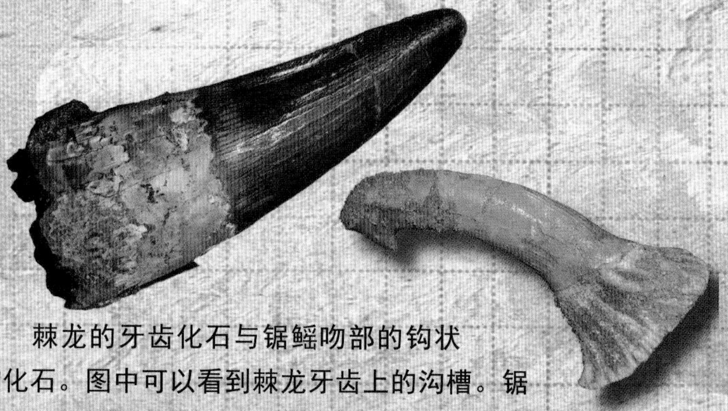

棘龙的牙齿化石与锯鳐吻部的钩状物化石。图中可以看到棘龙牙齿上的沟槽。锯鳐吻部的钩状物曾被发现卡在棘龙的颌骨中。可能在棘龙试图制服一条锯鳐的时候，一枚锯鳐嘴上的钩子狠狠刺进了棘龙的颌骨。这些化石直接证明了棘龙类曾经以锯鳐这样巨大的软骨鱼类为食。

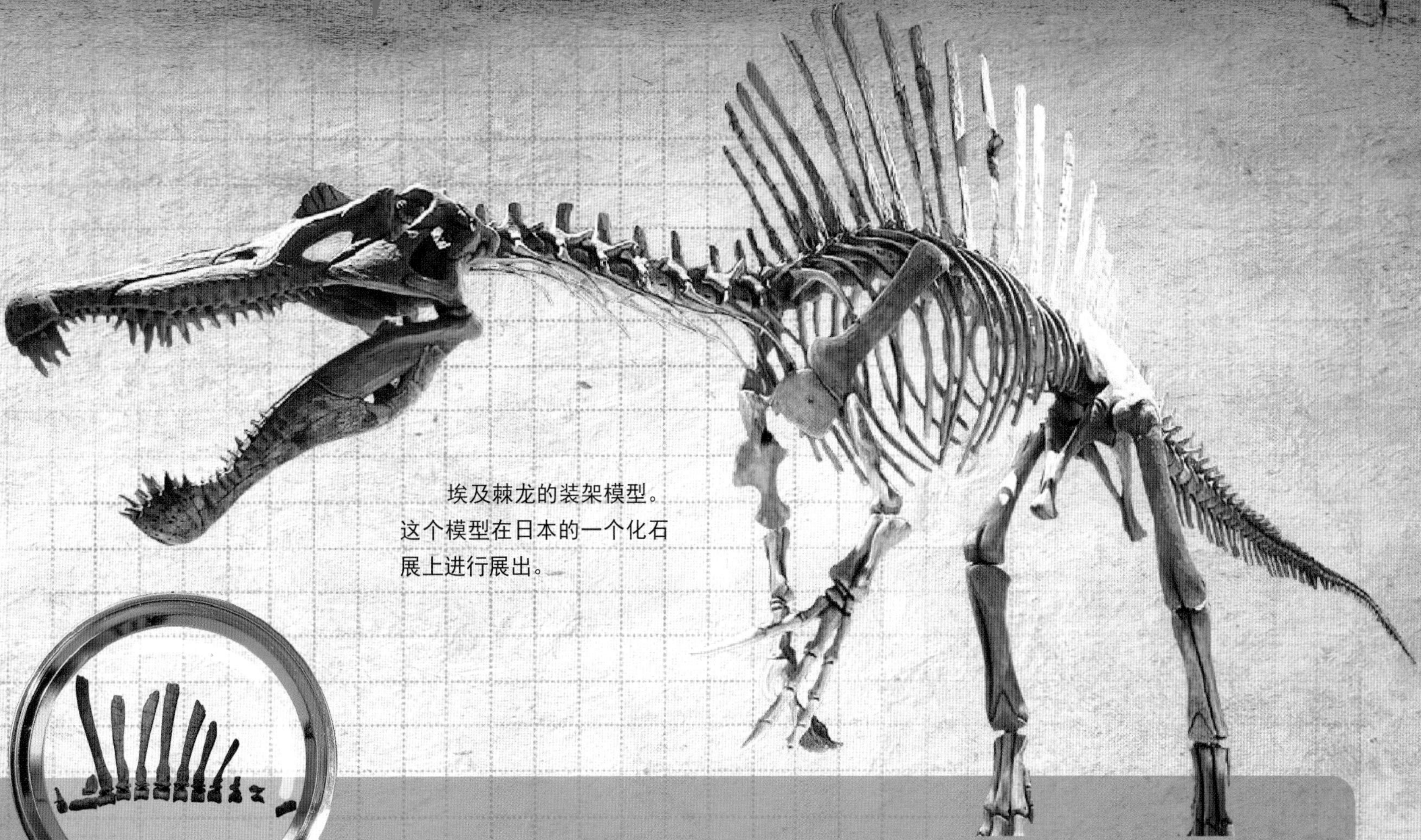

埃及棘龙的装架模型。这个模型在日本的一个化石展上进行展出。

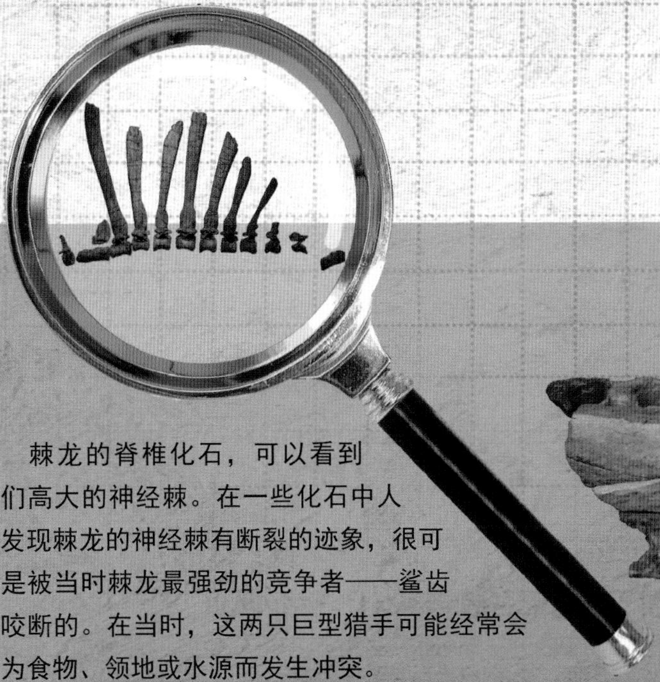

棘龙的脊椎化石，可以看到它们高大的神经棘。在一些化石中人们发现棘龙的神经棘有断裂的迹象，很可能是被当时棘龙最强劲的竞争者——鲨齿龙咬断的。在当时，这两只巨型猎手可能经常会因为食物、领地或水源而发生冲突。

摩洛哥棘龙的颌骨化石，中间的部分有断裂的痕迹。

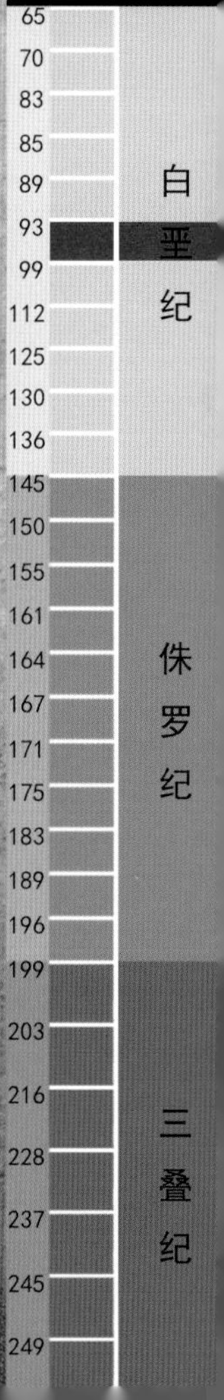

180°
360°
AR 科学体验

AR魔法恐龙乐园
陆地霸主NO.5
奇特的屋脊
剑龙
DINOSTAR
恐龙星际
長春出版社
国家一级出版社
全国百佳图书出版单位

剑龙

Stegosaurus

背着“屋顶”的恐龙

剑龙是一种著名的植食性恐龙，它们生存于距今约1.5亿～1.45亿年前侏罗纪晚期的北美洲。剑龙有着特殊的背部骨板，以及四根长长的尾刺，这些特征让它的形象闻名世界。不过，长期以来，古生物学家对其背部骨板的功能争论不休，提出了种种有趣的假说。剑龙的身体庞大且沉重，是所有剑龙类中体型最大的，大概相当于一辆公交车那么大！

虽然拥有吓人的骨板和锋利的尾刺，但剑龙是不折不扣的素食主义者。它们的牙齿类似切刀，可以轻易切断低矮植物的茎叶，也可以用它的喙啃食树干和地面上的苔藓。剑龙有面颊，这意味着它们可以用两侧的颊部来帮助咀嚼食物。另外剑龙也会吞下小石子来研磨食物帮助消化。

比例图

剑龙小档案

拉丁文学名：*Stegosaurus*
名称含义：有屋顶的蜥蜴
中文名字：剑龙
分类：鸟臀目 · 剑龙类
食性：植食
体重：3吨
身长：8～9米
身高：3米
体型特征：在背椎上分布着大型骨板
生存时期：侏罗纪晚期
生活区域：美国、加拿大

剑龙的身体结构

Structure of Stegosaurus

植物收割机

剑龙以四足行走，臀部非常高，而肩部却相当低平，头部经常处在距离地面1米高的地方。它利用口中密密麻麻的小牙齿不断啃吃着蕨类和其他低矮的植物，样子活像一台缓慢的收割机。

紧密的喉甲

剑龙的防护措施并不仅仅是靠背上的骨板。在脖子的下面，一排细骨板从剑龙的下颌骨一直延伸到颈椎下方，这些大如硬币的细骨板密集排列，与椎体上方的骨板一起完美保护着剑龙的脖子和头部。

当心它的尾巴！

尾巴上这些60～90厘米长的尖刺才是剑龙真正的武器。剑龙的尾部灵活，它们可以用强壮的后腿固定身体，左右调整自己把这带着利剑的武器对准任何来犯之敌。

第二个脑？

古生物学家以往认为剑龙在腰部有“第二个脑”，但如今普遍认为这应该是一种特殊的神经节，用来协助大脑控制后肢与尾部的神经，以及储存糖原来激发肌肉的功能。

剑龙 *Mysterious Plate of Stegosaurus* 的神秘骨板

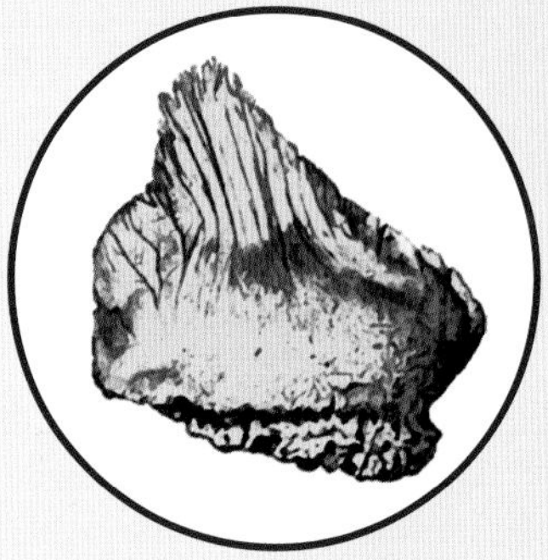

剑龙骨板化石

谜一般的“屋顶”

如果要问剑龙身上最容易辨认的特征是什么，那一定是它背部17块分离的、交替排列的平坦骨板，这是一种高度特化的皮内成骨，与现今鳄鱼背部的骨质结节有些相似。也就是说，这类构造不与剑龙的背部脊椎直接相连，而是长在皮肤上。

防御功能

古生物学家一开始推测这些骨板如护甲一般水平地平躺在背上，作为某种装甲，来保护剑龙免遭从侧上方而来的攻击。随着更多化石的出土，表明剑龙的骨板是以交互方式来排列的，但这些骨板依然有保护作用。

降温功能

这些骨板可能帮助剑龙调节体温，因为骨板内有无数的血管，当空气从周围流过时，能使血液的温度降低，而现生动物比如大象，它的耳朵也有相似的散热构造。不过，这个假说还有待验证。

识别功能

形态各异、大小不同的骨板很可能用于剑龙之间的身份识别，这有些类似于今天的长耳鹿和白尾鹿，这两种鹿在外形上并没有太大的差异，区别主要依靠它们的颜色以及耳朵和尾部的差别。

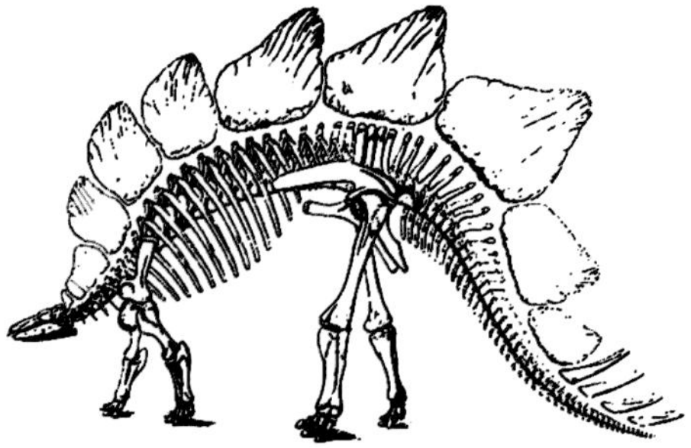

剑龙轮廓图

剑龙化石

剑龙的故事 The Story of Stegosaurus

——族群受损

清晨的雾气像一层层的薄纱，笼罩在广袤的平原上。不远的河滩蕨丛旁有几个肥大的身影在不停地晃动，那是三只剑龙。它们是一个小家族，正带着五只幼剑龙在蕨丛中寻找可口的食物。它们背上的骨板不停地摆动着，仿佛一株株怪异的植物。

1 在剑龙那鸟喙一样的嘴的搜刮下，这片蕨丛很快就被一扫而光。可是幼龙并没有吃饱，它们围绕着雌剑龙转了好多圈也没能得到一点吃的。小家伙们发出短促的叫声，不断地用头摩擦成年剑龙的下颌表示饥饿。

2 三只异特龙已经跟随这群剑龙好几天了，现在它们终于开始了狩猎行动。异特龙们把剑龙群围了起来。成年的剑龙迅速掉转身体把尾巴上的尾刺对着异特龙晃动，它们背上的骨板已经变成了鲜艳的红色，这表示这些巨兽处在极度的愤怒之中。

3 异特龙知道，正面对抗一只愤怒的剑龙是相当愚蠢的。它们并不主动进攻，只是在剑龙尾刺的攻击范围之外来回奔跑，并且对着剑龙大声咆哮。这些明显的挑衅举动让剑龙愤怒异常，它们不禁对着附近的异特龙冲了过去，用尾刺向对手狠扫。

4 剑龙被异特龙的狩猎战术蒙骗了。当成年剑龙被佯攻的异特龙吸引开后，另一头异特龙迅速冲了过去，它的动作干净利落，很快就咬死了一只小剑龙。等剑龙发现自己受骗后重新回到幼龙的身边时，那几只异特龙早已经在远处的树下分食小剑龙的尸体了。

5 清晨依旧笼罩在雾霭中，剑龙依然带着幼龙在平原上寻找食物，唯一不同的是今天只有四只幼龙跟随在成年剑龙的身后了。这些都被不远处的异特龙看在眼里，这些家伙转身消失在雾气中，它们离开的地方躺着昨日遇害的小剑龙零星的几片骸骨……

剑龙

的繁衍与武器

Multiplying and Weapon of Stegosaurus

每逢繁殖的季节，雄性剑龙的骨板很可能会充血。这些骨板上面有着耀眼的颜色，以此来向雌龙炫耀。雄性剑龙会将这些骨板作为给雌剑龙留下美好印象的“装饰物”，这有些类似雄孔雀的尾羽。如果有别的雄龙来“抢婚”，它们之间很可能会爆发决斗，双方会互相撞击，甚至用尾刺互相抽打对方！

和背部骨板一样，剑龙尾刺的作用也有过争议。古生物学家最初认为它们仅仅用来展示，但后来随即发现剑龙的尾部并没有甲龙那样的骨化肌腱，因此要灵活许多，这是尾刺作为武器的一大前提。此外，剑龙能以较长的后肢稳住身体，并以较为强壮、但也较短的前肢转动身体，让尾部以扇面攻击敌人。后来，古生物学家终于从一些尾刺化石上发现了外伤的痕迹，并在一枚异特龙的尾椎上发现了被剑龙尾刺打击后留下的伤痕，这是证明尾刺曾经用于战斗的最好证据。

剑龙的前肢要比后肢短得多，这表明它们并不能非常快速地奔跑，因为后肢的步伐会受到前肢的制约。通过电脑模拟，剑龙最快的奔跑速度大约是每小时6～7公里。

剑龙
的发现
Discovery of Stegosaurus

第一个剑龙化石标本由美国古生物学家马什于1877年发现，正是著名的“化石战争”时期（就是美国的两大恐龙猎人集团——柯普和马什激烈竞争的25年间）。在科罗拉多州，马什率先发现了这种背上长有骨板的神奇动物。当时只发现了2个不完整的成年标本，包括2个头骨与已经散成30多片的颅后骨。但由于竞争激烈，马什迅速将其命名为“剑龙”，并在媒体大肆炒作，使剑龙成为最著名也最受小朋友喜爱的恐龙之一。

在刚刚发现剑龙的时候，马什认为这种动物身上的骨板是像瓦片一样覆盖在背上。这也是为什么剑龙被命名为“屋顶蜥蜴”的缘故。但随着更多剑龙骨骸的发现，这种说法最终被推翻。剑龙的形象最终被确定为两排骨板竖直排列在背部两侧的动物。但“屋顶蜥蜴”的名字依然保留了下来。

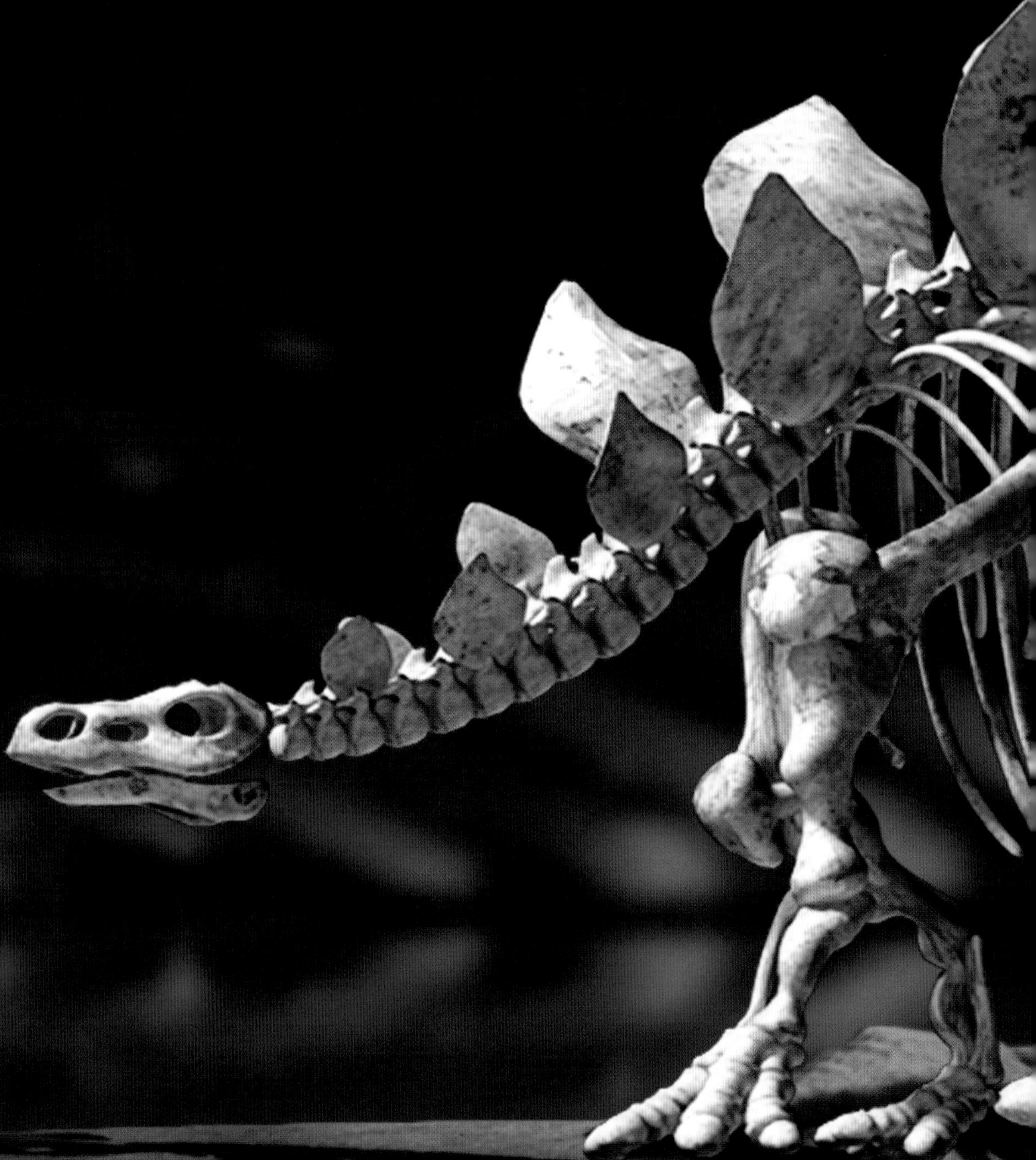

奥斯尼尔·马什

剑龙的“装甲”

剑龙的骨板化石。这些骨板在生前还包裹着角质，因此在剑龙生前，这些骨板会比我们现在看到的化石大上很多。上面的纹路可能是骨板中具有血管和神经的证据。

犹他州自然历史博物馆的剑龙头骨。

剑龙身上的三角形骨板装甲可能还有其他的用途。美国蒙大拿州的一些剑龙化石给古生物学家们提供了新的灵感。当地发现的剑龙化石具有两种形态的骨板，其中一种大而宽阔，另一种则比较高，也比较尖锐。这两种形态的背甲曾让学者们认为这些剑龙分别属于两种不同的种，但后来的研究认为这两种形态上的区别可能代表着剑龙之间不同的性别。

关于剑龙，一个有趣的事实是最后的剑龙生活的时代距离最早的暴龙有大约8000万年，而暴龙距离人类则有6500万年。这样来看，比起剑龙，我们人类生活的年代距离暴龙生活的年代要近得多了。

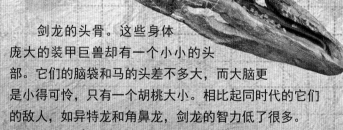

剑龙的头骨。这些身体庞大的装甲巨兽却有一个小小的头部。它们的脑袋和马的头差不多大，而大脑更是小得可怜，只有一个胡桃大小。相比起同时代的它们的敌人，如异特龙和角鼻龙，剑龙的智力低了很多。

Stegosaurus

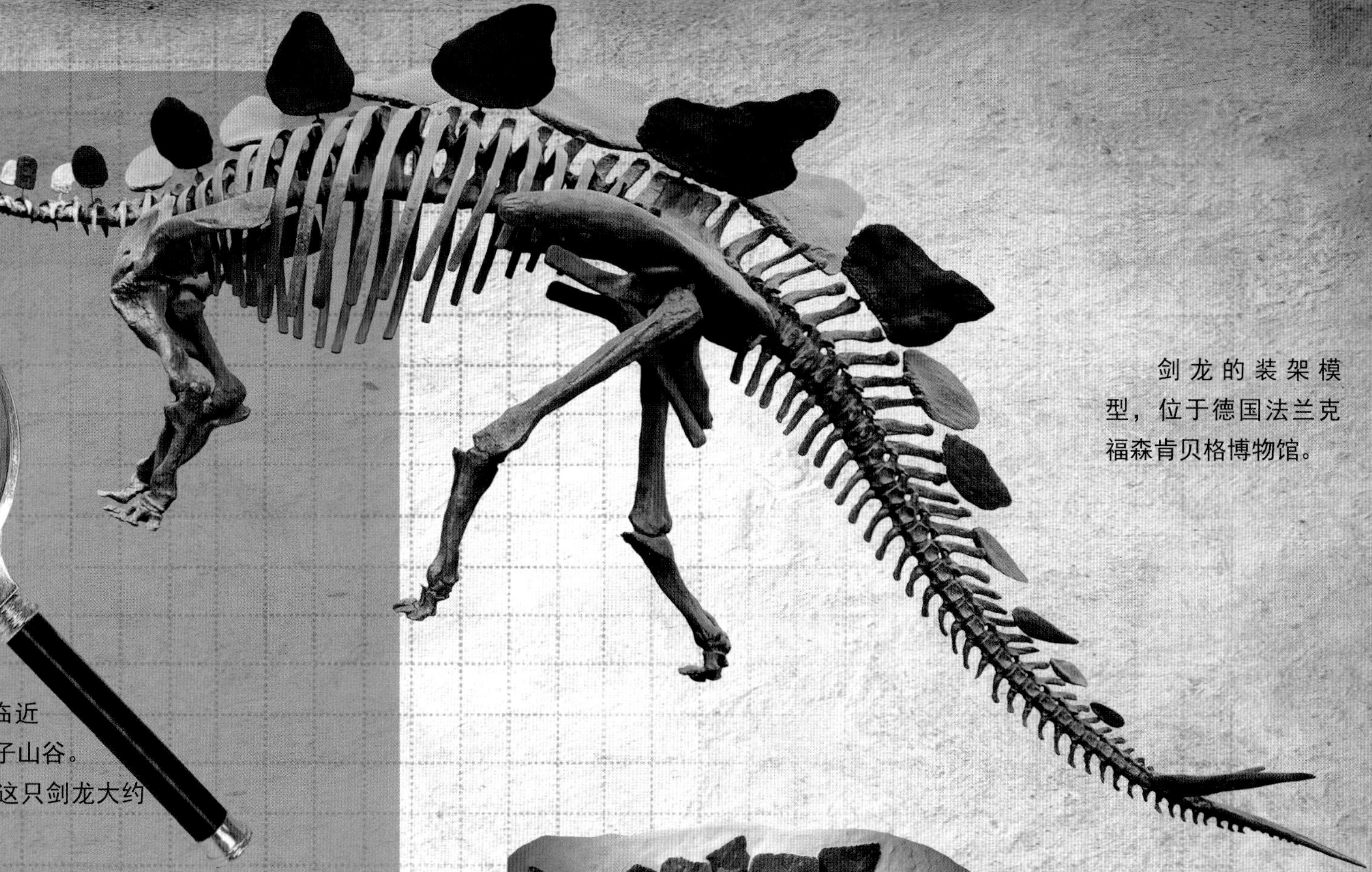

剑龙的装架模型，位于德国法兰克福森肯贝格博物馆。

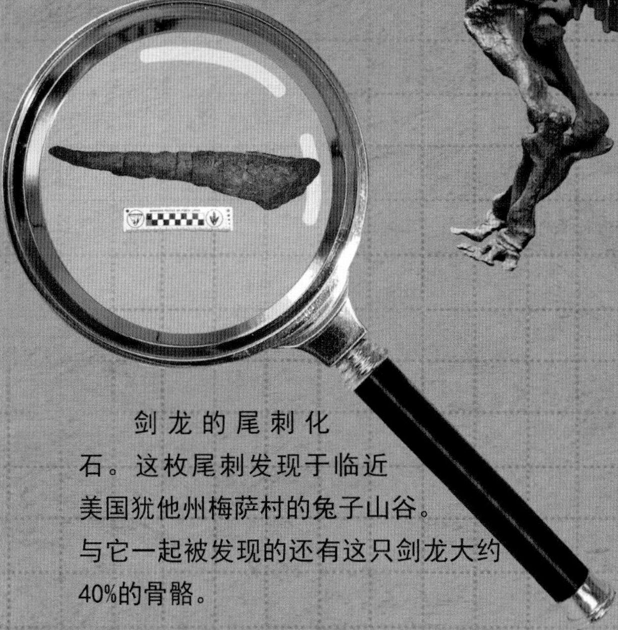

剑龙的尾刺化石。这枚尾刺发现于临近美国犹他州梅萨村的兔子山谷。与它一起被发现的还有这只剑龙大约40%的骨骼。

剑龙的脚趾分开，这样的结构有助于它们更好地分散自身的体重。图为剑龙的足部化石。

美国怀俄明州自然地理博物馆展出的剑龙化石，可以清楚地看到剑龙的身体结构。尾刺、骨板和喉甲均清晰可见。

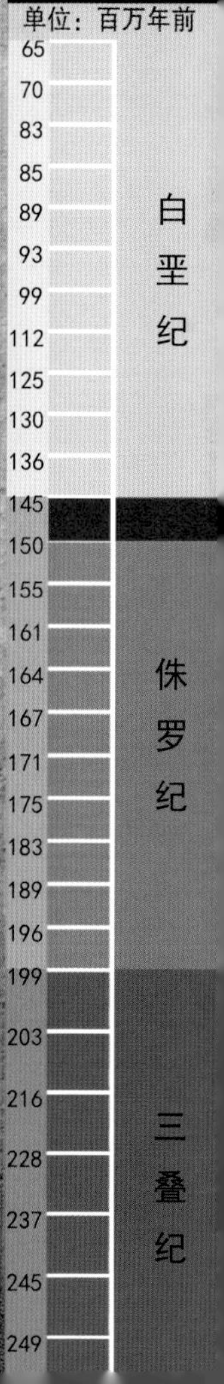

180°
360°
AR 科学体验

AR魔法恐龙乐园
陆地霸主NO.7
著名小号手
副栉龙
DINOSTAR
恐龙星际
長春出版社
国家一级出版社
全国百佳图书出版单位

副栉龙

Parasaurolophus

恐龙家族中叫声最大的“号手”

副栉龙是生存于白垩纪晚期北美洲的一种植食性恐龙，距今约7600万～6500万年。副栉龙是最晚出现、也是最有名气的有头冠鸭嘴龙类之一。它有像鸭子一样扁平的嘴、管子状的头冠，奇特的外表很是吸引人。特别是这种大型植食性恐龙头上的花哨头冠，一直都是科学家的兴趣所在。

作为素食主义者，副栉龙不会主动攻击其他恐龙，它们用喙来切割和扯脱植物的枝叶，并在嘴巴两旁的颊囊里咀嚼。这种恐龙长有数百颗牙齿，可以把食物磨得粉碎。

比例图

副栉龙小档案

拉丁文学名：*Parasaurolophus*
名称含义：栉龙的近亲
中文名字：副栉龙
分类：鸟臀目·鸭嘴龙科·赖氏龙亚科
食性：植食
体重：2.5～3吨
身长：10～12米
身高：4米
体型特征：鸭子一样的嘴，较长的头冠
生存时期：白垩纪晚期
生活区域：美国、加拿大

副栉龙的身体结构 *Structure of Parasaurolophus*

副栉龙是一类体型较大的植食性恐龙，它们与马、羊等植食动物相似，身体缺少防御食肉动物的武器。它标志性的头冠让它的知名度远远超过其他同类恐龙。在晚白垩纪的北美，副栉龙群可能会在清晨的薄雾中用头冠发声互相联络，就像现在的汽笛。这使群体成员得以知道彼此的位置和方向，从而不会因为脱离群体而遭到肉食恐龙的攻击。

粗大的尾巴

副栉龙的尾巴可以在它奔跑时保持身体前后平衡，而且在危急时刻也可以作为攻击敌人的武器。

粗壮的后肢

强壮的后肢可能说明副栉龙奔跑速度较快，可以逃避肉食恐龙的猎杀。相比较纤细的前脚，后肢才是它们奔跑的主要工具。副栉龙可能在放松觅食的时候用四脚走路，一旦危险来临则抬起前身，用两条后腿飞快地逃跑。

长长的头冠

尽管副栉龙在头上长有一个长长的头冠，但头冠的构造不适合用于撞击敌人。有研究表明副栉龙这种长管子状的头冠可以发出非常响亮的声音，用来与同类进行交流、吸引异性或提醒同类逃避危险等。

鸭子一样的扁嘴和数量极多的牙齿

鸭子一样的扁嘴可以让副栉龙能方便地咬到较多植物的枝叶。在白垩纪末期，难以消化的被子植物开始出现，这使得咀嚼食物进食的鸭嘴龙类具有了巨大的竞争优势。副栉龙长了五六百颗牙齿，像树叶形状的牙齿互相紧密的排列。它们不停地吃植物，牙齿就会受到较多的磨损，磨损光了的牙齿会被下面的牙齿替换，并且它们的牙齿也会一直不停地生长。

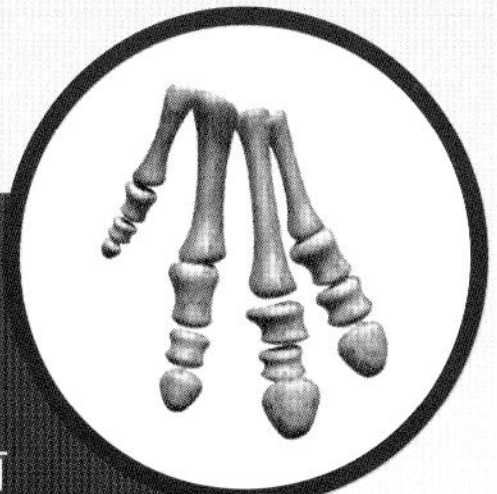

相对细弱的前肢

副栉龙前肢的长度大概只有后肢长度的一半多一点，前肢也相对后肢纤细得多。它们的前足只有第二、三指有蹄状的爪骨，其他的足趾末端只有非常细小的骨节。这可能说明副栉龙快速奔跑时就只会用到后腿，在慢走或站立时才会用到前腿，而且主要依靠前脚的第二、三趾支撑身体。

副栉龙 *Distinctive Horn of Parasaurolophus* 的独特号角

号手们的完美报警器

副栉龙的头冠中空而弯曲，内部被分层的骨骼隔为若干个骨腔，骨腔的末端与鼻和口相连。空气通过嘴和鼻孔进出骨腔，在骨腔中震荡并发出声响。副栉龙通过骨腔积蓄高压气体，发出巨大的长鸣。一般雄性副栉龙要比雌性副栉龙头冠长，发出的声音也要大得多。幼年副栉龙的头冠相对小，在接近成熟时头冠会加速生长。体型越健壮的副栉龙会拥有相对越长的头冠，其头冠的功能就越容易体现，这也会让它成为一个副栉龙群体中的首领。

与副栉龙生活在同一时间、同一地点的赖氏龙形态

警报功能

副栉龙的头冠可以发出高、低不同声调的声音，就像大象和鲸鱼与同类长距离沟通时所发出的那种声音。这就可以及早而高效地向同伴们报警。

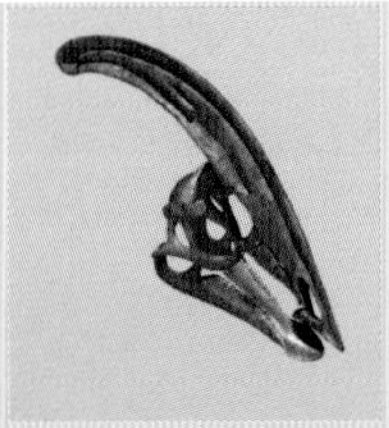

副栉龙头骨化石

冷却功能

头冠巨大的表面积和血管也显示它们具有体温调节功能。1978年首次有人提出这些冠饰是用来冷却脑部温度的。副栉龙可能在头冠后面还有一面“帆”，当血液流过它的头部的时候，这样一面“帆”可以起到更好的散热作用。

社交功能

由于鸭嘴龙类体型、大小都很相似，头冠就成了区分它们最直接、最容易的方法。不同性别的副栉龙的冠饰可能大小不同，副栉龙也会依靠头冠与同时代的其他种类的鸭嘴龙类相区别。

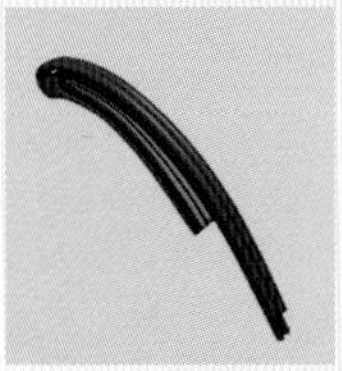

头冠内部结构

副栉龙的故事 The Story of Parasaurolophus

——号手家族的一天

在白垩纪末期的北美西部，这里气候温暖，河流纵横，植物繁盛。这片土地上生活着很多种植食性恐龙，包括多种角龙、鸭嘴龙和甲龙等，当然还有凶猛的肉食龙。

副栉龙也生活在这里，但它们的数量相对较少。它们大约几十只组成一个家族，一只健壮的雄性副栉龙是它们的头领，几头雄性副栉龙负责警戒，时刻注意着肉食龙的出现。它们在尽情享用着最喜欢的蕨类，副栉龙食量很大，鲜嫩的蕨类吃光后，它们就会去其他的地方寻找美食。还好这里食物很多，又没有其他的恐龙与它们争抢食物。十几只年幼的副栉龙还不知道随时要面临被肉食恐龙袭击的危险，它们正高兴地在妈妈身边玩耍。

1 朝霞又一次升起在这条大河的上方，在河边休息着一个从外地赶来这个植物繁盛的地方繁殖的副栉龙家族。晨雾渐散，阳光柔和地照在大河两岸，副栉龙家族也开始了一天的生活。

2 雌性副栉龙们四足蜷曲卧在龙巢周围，看护着刚刚孵化的幼龙，最后一只小号手也爬出了蛋壳，懵懂的大眼睛好奇地张望着眼前这个世界。

3 其他的副栉龙在周围找吃的，毕竟美食是最有吸引力的了。几只雄性副栉龙在这群副栉龙的更外围，它们的任务是负责警戒。

4 突然，外围的雄性副栉龙似乎发现了什么，它们抬起前脚，站起来向远处望去。果然，三只肉食龙正鬼鬼祟祟地向它们这边走来。哨兵们赶紧吹响号角通知走远了的同伴。副栉龙的头领也发出了洪亮的吼声，通知大家快跑。

5 成年的副栉龙把它们的幼龙围在中央，它们一起跑起来，由于发现及时，肉食龙已经追赶不上它们了，只能转去打别的恐龙的主意了。

副栉龙

的繁衍

Multiplying of Parasaurolophus

到了繁殖的季节，副栉龙的繁殖地就像开了音乐会。雄性副栉龙们为了吸引雌性副栉龙，会用他们的头冠吹奏，发出巨大的响声。显然谁的歌声更响亮，就会得到雌性的喜欢。

长长的头冠也许并不只是汽笛。有研究表明，副栉龙的头冠可能具有鲜艳的颜色，用以吸引异性的青睐。当然有时雄性们为了争抢配偶还会进行武力争斗，用身体侧面相互撞击，尾巴互相拍打，但它们不会像牛那样互相撞头，因为撞坏了头冠可不好。

交配之后没多久，副栉龙家庭就会找个安全的地方产蛋了。雌性副栉龙会做一个蛋窝，每个雌性副栉龙会产将近20枚蛋。它们的蛋散着堆放在窝内，有的叠成三层。蛋是扁圆形的，直径大概有20厘米。雄性副栉龙会一直在旁边守护。直到小副栉龙孵化出来。

副栉龙
的发现
Discovery of Parasaurolophus

1920年，加拿大多伦多大学的一个野外队伍在艾伯塔省红鹿河畔的桑德河附近发现了一个有着长长头冠的化石。最早帕克斯认为它和鸭嘴龙亚科的栉龙很相似，因此将它命名为副栉龙。但后来的研究发现，副栉龙应归属于赖氏龙亚科。

副栉龙两足奔跑时速度会更快一些，其速度大约是每小时20～40公里，和霸王龙的速度相似。副栉龙吃植物的时候，还会像鸡一样吃进肚子里一些小石头，这些石头会在胃里研磨植物，帮助消化。

沃克的副栉龙

目前科学家在北美共发了六具近完整或不完整的副栉龙个体化石，分为三个种，分别为沃克氏副栉龙、短冠副栉龙和小号手副栉龙。其中短冠副栉龙的头冠短、向下弯，因此有科学家认为是它雌性或幼年的小号手副栉龙，但这一推论并没有被广泛认同。

在已经发现的数种副栉龙中，沃克氏副栉龙是最早被发现的一种。1922年，帕克斯将其命名为“沃克氏副栉龙”，种名献给加拿大皇家安大略博物馆的董事会主席拜伦·沃克博士。

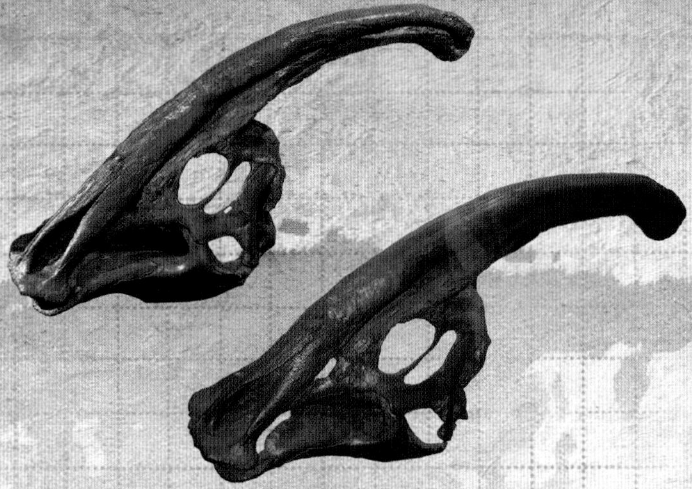

副栉龙的头骨化石。副栉龙是一种典型的鸭嘴龙类，它们有着扁平的鸭子一样的喙以及口中的数百颗小牙齿。向后弯曲的头冠是它们的典型特征，不仅在同类之间可以用来互相识别，即使是在7000万年后的今天，我们只要看到化石上那显眼的头冠，也能一下子叫出“副栉龙”的名字来。

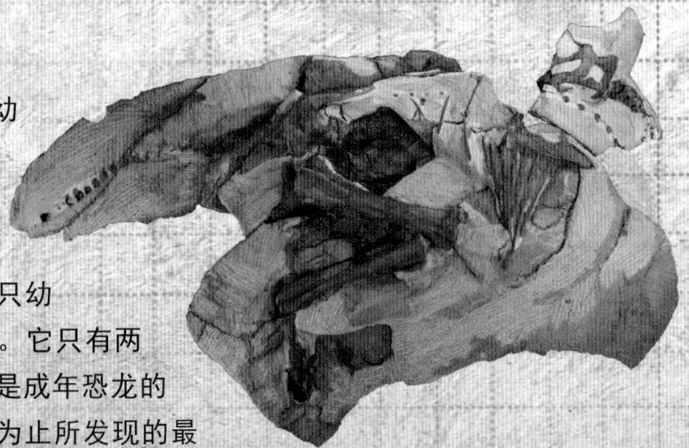

图中是一只年幼的鸭嘴龙化石。这块化石是由美国洛杉矶的一名高中生发现的，这只幼年恐龙属于副栉龙。它只有两米多长，体型大约是成年恐龙的四分之一。是目前为止所发现的最小也是最完整的幼年鸭嘴龙类化石。

Parasaurolophus

沃克氏副栉龙的模式标本，可以看到它背部的V字形缺口。它背部神经棘上的缺口可能是病变导致的。

这块副栉龙的头冠化石经过CT扫描，向人们揭示了其中复杂的内部管道结构。副栉龙可以利用头冠中复杂的管道系统发出多种不同的音调，以此达到龙群内部互相交流的目的。

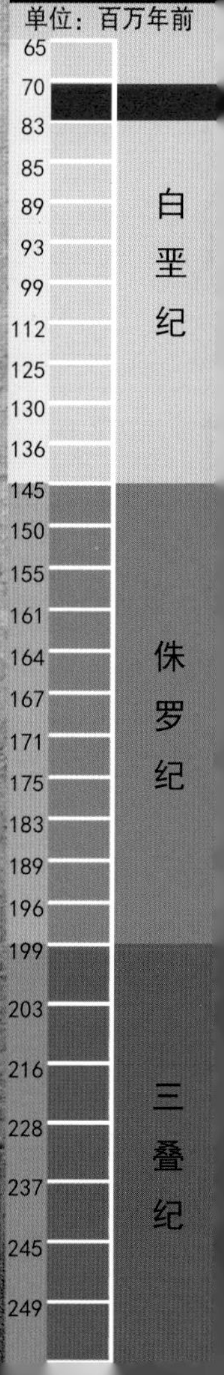

180°
360°
AR 科学体验

AR魔法恐龙乐园

陆地霸主NO.10

丑陋骑士 龙王龙

DINOSTAR
恐龙星际

長春出版社
国家一级出版社
全国百佳图书出版单位

一个三角形的扁平脑袋，边上长满了尖刺和肿块，龙王龙的这副尊容可谈不上漂亮。如果说它是最丑陋的恐龙，大家想必也不会有多大的异议。只看它的脑袋，这种恐龙很像欧洲神话中的火龙，不过它们可不会喷火。这种恐龙属于肿头龙类，靠吃植物为生，它们体型并不很庞大，重量只相当于中世纪骑士的战马。有趣的是，龙王龙的模式种名为霍格沃茨龙王龙，意思是“霍格沃茨的龙王”，其命名受到了《哈利·波特》中霍格沃茨魔法学校的启发。

龙王龙

Dracorex

最丑陋的恐龙

比例图

龙王龙小档案

拉丁文学名：*Dracorex*

名称含义：龙之王

中文名字：龙王龙

分类：鸟臀目·肿头龙类

食性：植食

体重：400公斤

身长：3～4米

身高：1.5米

体型特征：颅骨上铺满了小钉角及肿块

生存时期：白垩纪晚期

生活区域：美国南达科他州

龙王龙
的身体结构
Structure of Dracorex

小叶子状的牙齿

龙王龙的牙齿就像小小的叶子，上面有一道道小脊，边缘也很锐利。这样的牙齿能够嚼烂纤维丰富的坚韧植物，所以它的食谱上可能包括了植物的种子、果实和柔软的叶子等。一些研究认为龙王龙也会吃昆虫来补充蛋白质。

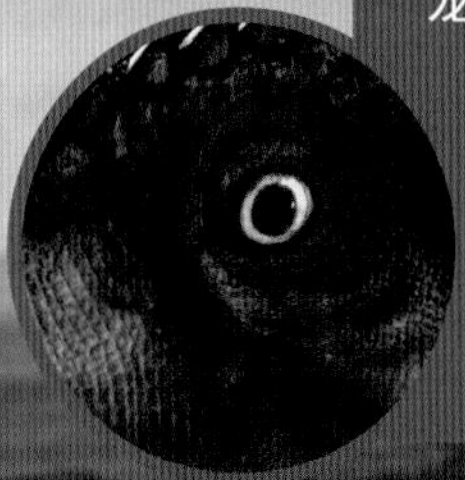

立体的视觉

龙王龙的头骨上有很大的圆形眼窝，两个眼窝朝向前方，具有良好的视力，可能具有立体视觉。这对于龙王龙所处的强敌林立的白垩纪晚期而言，具有非常大的优势，可以让它尽快地发现和避开危险。

强健的长尾巴

龙王龙不但拥有相当粗短的颈部、短前肢、长后肢、健壮的身体，还有一条由骨化肌腱支撑的尾巴。这条尾巴可以帮助它在奔跑的时候更好地保持平衡，甚至充当武器！

神秘的脑袋开孔

与其他肿头龙类不同，龙王龙的脑袋上有着一对大到几乎没有限制的上颞孔，这让它看上去非常奇怪，其用途可能是用于附着肌肉或者腺体，我们迄今还没有答案。

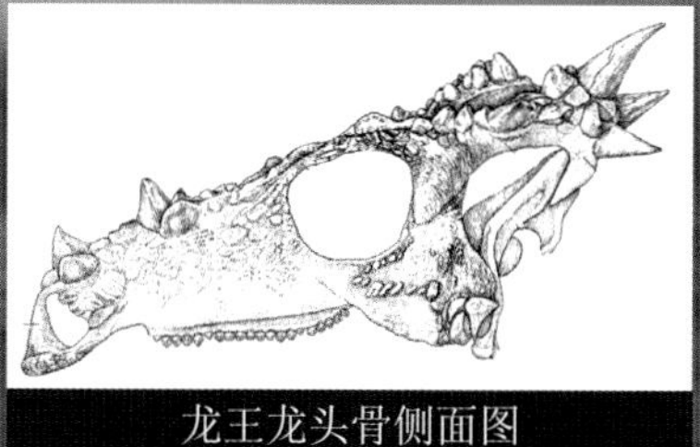

龙王龙头骨侧面图

龙王龙的狼牙头盔 Spike Helmet of Dracorex

安装在脑袋上的狼牙棒

龙王龙的颅骨上铺满了小钉角及肿块，这个颅骨还“配备”有厚厚的装甲，但缺乏肿头龙类所特有的圆拱构造。此外，它还覆盖着大量以不规则的形式排列的骨板，包括大量的结节、小角及尖刺等等，整个脑袋就像狼牙棒！

求偶功能

和现生的大角羊或野牛一样，龙王龙在求偶季节时，雄性个体会以头互相撞击，以此来决定雄性中谁占优势，可与群体内的雌性个体交配。此外，如果雄性个体头上的棘刺足够大，也能让其他雄性知难而退，使雌性一见倾心。

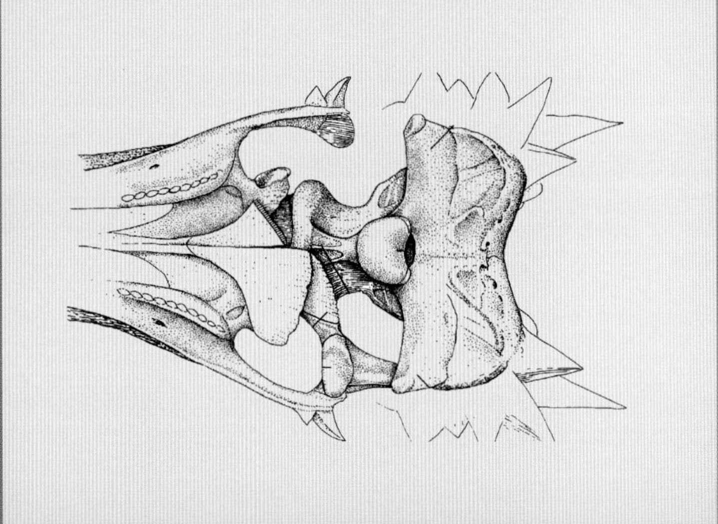

龙王龙头骨的内部解剖图

保护功能

肿头龙类以大型的骨质颅顶而著名，一些种类的厚度可达25厘米，这可以非常完备地保护着脑部。虽然龙王龙没有圆拱状的颅顶，但大量的骨板与结节依然能起到类似的作用。

疣猪

大角羊

攻击功能

肿头龙类的头骨一度被认为无法适当吸收冲击力道，所以不能承受压力与撞击。龙王龙虽然没有撞击用的圆拱状的颅顶，却可以像现生的森林猪或疣猪那样，硬着头皮奋力向前，先发制人发动攻击！

龙王龙的故事
The Story of Dracorex

——“龙王”之战

南达科他州的气候并不干燥，但是在这里还是有一片片的沙漠。不过这里的沙漠并不孤寂，充足的水源和茂密的植物把这里打扮得生气勃勃。大片喜干的植物更是在这里形成了一片森林。在这些干燥的森林当中生活着许多龙王龙。它们平时喜欢小群体的生活，一起在森林中寻找喜欢的食物。但是当它们起了兴致的时候，也会到周围的沙漠去转上几圈。

1 每一只雄性的龙王龙都会在成年后离开自己的部落，去打拼自己的天下。离开自己的群落只有一天的时间，这只龙王龙就开始感觉到了孤独与不安，但是这种情绪很快就消失了，因为它在不远的地方发现了同类。

2 这两只龙王龙站在沙丘上轻声地向对方叫着，它们并肩走了很长一段路，可能已经对对方感觉到了厌烦。一只龙王龙转身想要走开。它刚要离开时，另外一只龙王龙马上冲了过来，用头顶了它一下，把它顶落到沙丘下面，然后自己也顺着沙丘滑了下来。

3 这种举动看似是在挑衅，但实际上完全没有恶意，只是龙王龙们身体交流的一种方式而已。在沙丘下面，这两只龙王龙又再次并肩前进，不一会儿另外四只龙王龙也加入了这个暂时的群体里。突然它们发现前面的灌木丛中有什么在动，好奇的龙王龙马上跑了过去。

4 这是一只年幼的暴龙，它正在惊慌地叫着，它看上去和龙王龙差不多大小，但是它只有8个月大，它可能是与母亲走散了，独自一人在灌木丛中不停地叫着。怪异的龙王龙吓到了小暴龙，它不禁大声咆哮起来。

5 很明显，小暴龙攻击性的行为激怒了龙王龙。六只龙王龙不停地吼叫着，然后轮番用坚硬的头颅把小暴龙撞翻在地，并且用尖锐的头角在它身上划出一道道伤口。小暴龙还没有明白到底发生了什么事就已经受了重伤，它可能再也爬不起来了。

龙王龙的谜团
Mystery of Dracorex

最近一项新的研究指出，冥河龙、肿头龙和龙王龙可能是同一种恐龙的不同生长发育阶段，龙王龙是最低阶段，冥河龙次之，肿头龙是成熟阶段，随着年龄的发展头上的棘刺会越来越平滑，头顶会越来越高。虽然此项研究还未最终确认，但可以看出有关肿头龙类的情况古生物学家仍知之甚少，需要更多的研究。

中国的肿头龙类恐龙发现并不多，迄今为止仅有少数的几个种，如分布于安徽省的岩寺皖南龙和山东的红土崖微肿头龙。中国境内的肿头龙类恐龙还有待古生物学家们进一步发现。

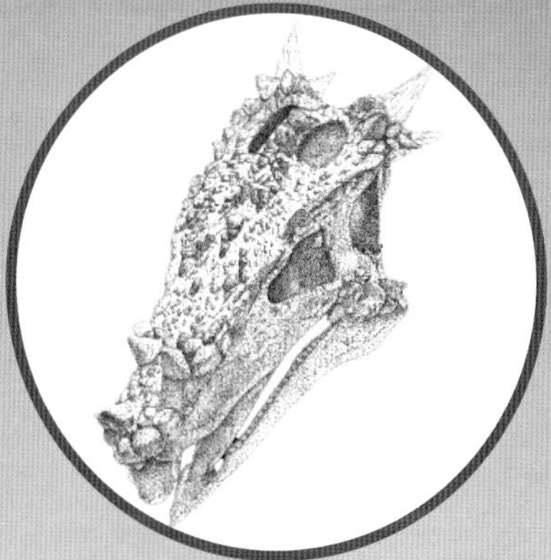
龙王龙

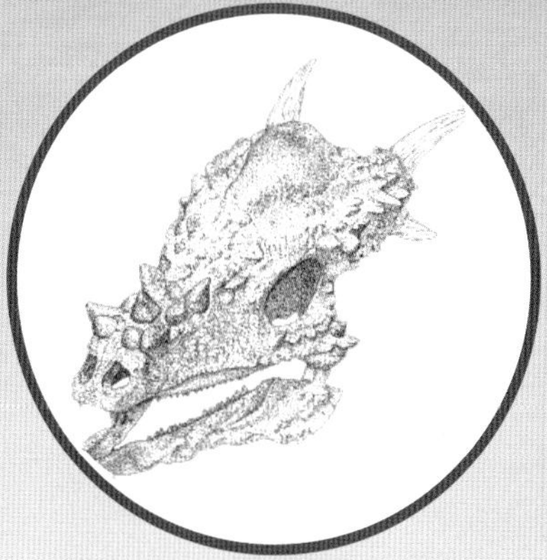
冥河龙

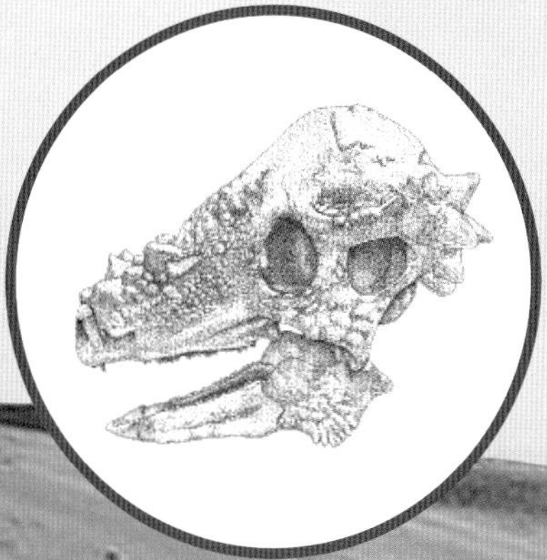
肿头龙

龙王龙的发现

Discovery of Dracorex

龙王龙的骨骼由一个接近完整的颅骨及4节颈椎组成。这些化石都是由3位来自美国艾奥瓦州苏城的业余古生物学者在南达科他州海尔河组发现的。这个具有6600万年历史的恐龙头骨属于前所未见的品种，头骨近乎完整，但整副骸骨杂乱无章，经过了2年艰巨的研究后才重组在一起。该颅骨后来于2004年被捐赠与印第安纳儿童博物馆进行展览研究，并由著名古生物学家巴克等人在2006年命名为“霍格沃茨龙王龙”，即“霍格沃茨的龙王”。

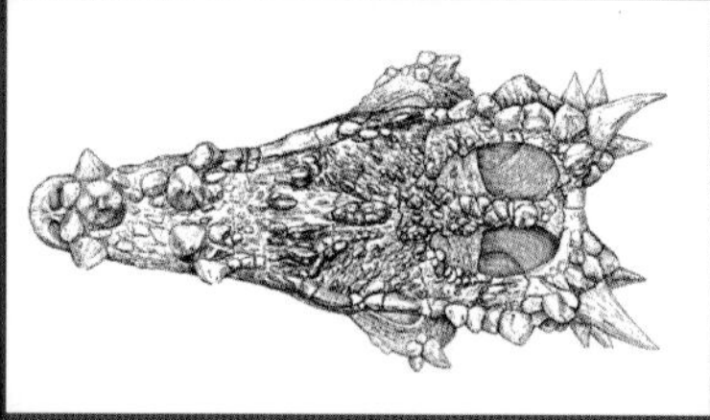

头骨顶视图

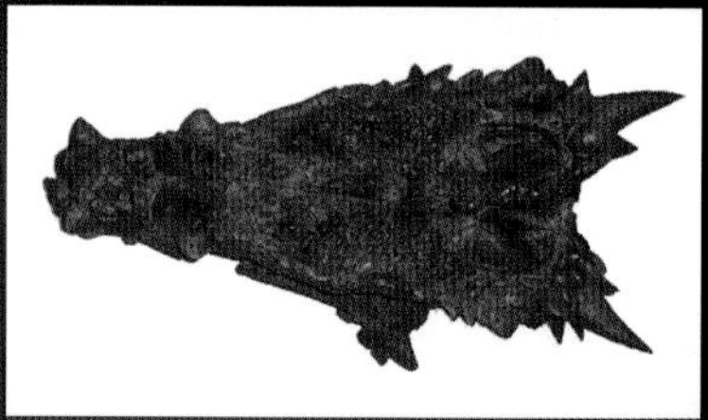

头骨化石

龙王龙

龙王龙与《哈利·波特》

在风靡世界的《哈利·波特》系列中，作者罗琳创造了一系列神奇的生物。而如今这个怪兽世界的队伍又壮大了。其中的“新成员”就是美国古生物学家于2006年3月新发表的龙王龙。古生物学家赋予了它一个颇有奇幻味道的名字，以此表达对罗琳和她的“魔法书”的敬意。

作为3个孩子的母亲，罗琳也因为这项荣誉提高了她在孩子心中的“威信”，因为她的大女儿刚好是个恐龙迷，罗琳在孩子的“熏陶”下对古生物学也颇有研究。罗琳觉得这种恐龙的确与她创造的神奇怪兽很相似，龙王龙只比书中的火龙“匈牙利树蜂”个头稍小一点而已。在《哈利·波特》中出现的“龙”不下10种，如“秘鲁毒牙龙”“乌克兰铁肚皮”等，它们或能喷火，或有毒牙，或体大如一栋楼，在孩子们心中留下了深刻印象。

龙王龙的头颈部骨骼复原，口中小叶子状的牙齿清晰可见。这些牙齿看上去很尖，也难怪科学家们会觉得它们在叶子和浆果之外还取食昆虫了。

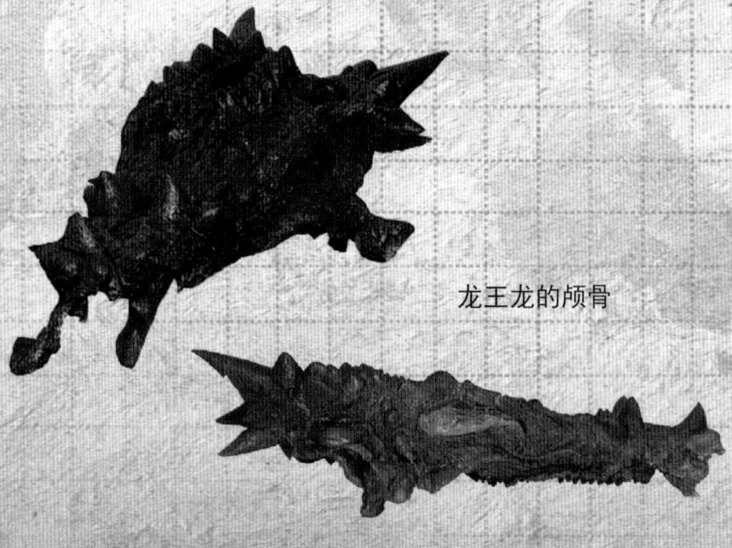

龙王龙的颅骨

龙王龙的装架模型，目前陈列于美国印第安纳儿童博物馆。目前为止，人们仅发现了龙王龙的一个颅骨和四节颈椎。和一些化石部分发现较少的恐龙一样，科学家们参考与之亲缘关系较近的其他恐龙来完成龙王龙的骨骼复原。

龙王龙的亲戚——冥河龙的头骨。相比起龙王龙，它们具有更加隆起的头顶和更尖更长的角。但和肿头龙类中其他成员如尖角龙和肿头龙对比，冥河龙只是在头顶多了一个圆圆的鼓包而已。

龙王龙的正模标本，扁平的颅骨。

180°
360°
AR 科学体验

AR魔法恐龙乐园
陆地霸主NO.9
冷血飞机头
冰脊龙
DINOSTAR
恐龙星际
長春出版社
国家一级出版社
全国百佳图书出版单位

冰脊龙

Cryolophosaurus

摇滚明星“猫王”的模仿者

作为一只恐龙，冰脊龙是否会有音乐天分我们无从得知。但摇滚明星猫王埃尔维斯·普莱斯利也不会想到，在他去世二十多年后，他的名字会被作为爱称来称呼一只1.88亿年前的动物。冰脊龙显眼而向前弯曲的头冠，看上去酷似50年代埃尔维斯标志性的飞机头，因此人们给了它一个非正式的昵称“Elvisaurus”，即“埃尔维斯龙”或“猫王龙”。冰脊龙属于大型的兽脚类恐龙，生活在距今1.88亿年前侏罗纪早期的南极洲。它不但是南极洲首次发现的肉食性恐龙，还是首只被正式命名的南极洲恐龙。

比例图

冰脊龙小档案

拉丁文学名：*Cryolophosaurus*
名称含义：冰冻脊冠的蜥蜴
中文名字：冰脊龙
分类：蜥臀目 · 兽脚类 · 双嵴龙类
食性：肉食
体重：465公斤
身长：6.5米
身高：2.4米
体型特征：眼睛上方有一个突出的脊状物
生存时期：侏罗纪早期
生活区域：南极洲

冰脊龙

的身体结构

Structure of Cryolophosaurus

密集的锯齿

和其他肉食性兽脚类恐龙一样，冰脊龙的牙齿之前后缘也分布着非常细密的锯齿，它们的作用像小钩，这些小钩能钩住肉的纤维，然后由犹如利刃的齿缘将这些纤维撕裂，从而把肉块从猎物身上撕扯下来。

敏锐的视力

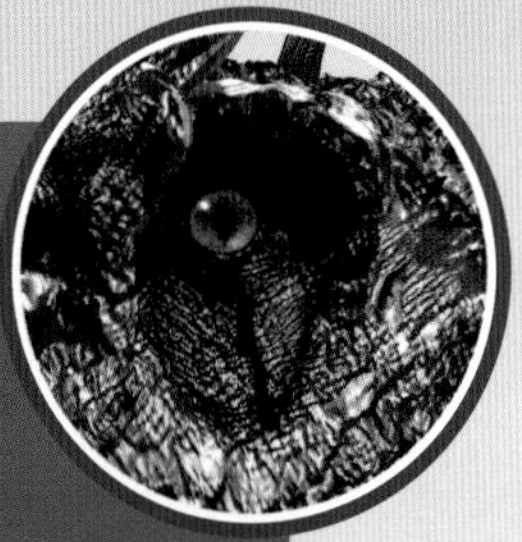

尽管那时候的南极洲不像今天这样位于地球的最南端，但冬天仍然很黑暗。我们不清楚冰脊龙的视力如何，但猜测在漫长且昏暗的冬季猎食，冰脊龙肯定拥有敏锐的视力。

耐寒的高手

当时的极地气候要比现在温暖得多，植被茂密，但某些高纬度地区还有冰冻过的迹象，甚至达到零下30摄氏度，这意味着冰脊龙可能要么拥有特殊的御寒系统，要么会在冬季迁徙到温暖的地方过冬。

标准的杀戮工具

冰脊龙后肢强壮有力，短且前伸的前肢和锋利的牙齿是它的主要杀伤性武器。它的背部呈水平状，整个身体由一条长尾巴保持平衡。这也是所有其他肉食性恐龙的基本特征。

冰脊龙的“冰冻脊冠” *Frozen Crest of Cryolophosaurus*

匪夷所思的“冰冻脊冠”

从“冰冻脊冠的蜥蜴”的学名上就可以看出，这脊冠可是冰脊龙的招牌！冰脊龙的脊冠确实非常奇特，它位于头骨上眼眶的上前方，其形状上举且前翘，具有纵向沟，形状有点像一枚银杏叶从中间撕开后粘在头顶，两片叶瓣向上翘着。这些头冠可能根据主人的不同，在大小和形状上也有着一定的差异。

冰脊龙脊冠化石

冰脊龙头骨化石（出土状态）

恐吓功能

冰脊龙的脊冠并不结实，所以推测其应该不具备防御效果，所以这种脊冠的功能更重在恐吓。在遇到比自己强大的对手，或者同类竞争时，它的脊冠能使自己看上去“怒发冲冠”，显得更可怕，从而达到不战而屈人之兵的目的。

保护色功能

今天，只有少部分动物能够适应南极洲严酷的生存环境。但在侏罗纪，南极洲还有着茂密的植被，是动植物的乐园。所以，如果是在丛林地带，冰脊龙脊冠的颜色一定很漂亮，有着各种花纹；如果是荒漠，那恐怕就只有单调的颜色。

求偶功能

冰脊龙的脊冠可能分布有紧密的血管或神经系统，到了求偶季节，脊冠就会充血，从而显现出非常艳丽的色彩，以此来讨得雌性的欢心，鲜艳的色彩在满是绿意的森林中会格外的明显，这点有些类似今日的雄孔雀。冰脊龙可能只有雄性才有色彩艳丽的头冠，雌性的头冠也许并不显眼。

冰脊龙头骨化石

冰脊龙的故事 The Story of Cryolophosaurus

——领地之争

侏罗纪早期的南极洲，随着夏季的到来，冰雪融化，极地森林再次充满了生机与活力。高大的杉木占领了森林的上层，树干上长着毛茸茸的苔藓植物。夏季到来意味着长达数月的白昼，植物们都拼命展开枝条晒着太阳。

1 一只蜻蜓飞了几圈停在一个红色的“枯枝”上。正在它准备休息一下时，那“枯枝”突然抖了抖，慢慢地站立起来，脚下的晃动吓得蜻蜓远远地飞开了。动起来的“枯枝”原来是一只冰脊龙，这只大个子的恐龙站在树下，一排锋利的牙齿沿着上颌露在了外面。冰脊龙身上完美的保护色使它在南极洲的丛林里如鱼得水，任何猎物都很难发现这个隐秘的猎手。

2 冰脊龙抬起头，闻了闻潮湿的空气，黄色的眼睛眯成了一条缝，它又重重地吸了几口气。冰脊龙那渐渐褪色的头冠又变成了红色，它朝着前方的灌木丛短促地叫了几声，不一会儿，森林的深处传来了同样的叫声，就像回声一样。

3 一对红色的头脊在一片绿色中隐约可见，另一只冰脊龙从不远处的树后露出了身影。这是一只年轻的雄性冰脊龙，刚刚独立生活不久，对自己信心满满的它似乎也看中了这片猎物众多的领地，企图向这里原来的主人挑战一番。而现在这片领地的主人看上去很不高兴，一场决斗可能在所难免，但是血腥的打斗不会马上开始。

4 两只冰脊龙绕着圈子，眼睛紧紧地盯着对方。很明显这片领地的主人要占有优势，它身长6米，身体强壮，嘴中的两排尖牙让人不寒而栗。对面的挑战者身长不到5米，个头也要小上一圈。几分钟后，小个子的冰脊龙自知不是对手，转身跑向森林深处。得胜的大个子向着逃走的对手大声吼叫着，弯弯的爪子不停地在胸前挥来挥去。

5 斗转星移，5年过去了，一只冰脊龙在蕨类植物间敏捷地追逐着一只鸟脚类恐龙。伴随着急促的呼吸，它的胸部不停地起伏着。它就是当年那只年轻的挑战者，现在它已经完全成年，并已经成为这片森林的主人。

冰脊龙的谜团

Mystery of Cryolophosaurus

与冰脊龙同时被发现的还有一些原蜥脚类化石，它们有点类似同时期中国的禄丰龙，因此有古生物学家猜测冰脊龙是因吞食原蜥脚类时窒息至死，不过这个说法并没有实质性的证据。

古生物学家目前仅仅发现了一件冰脊龙的化石，化石包括了破损的头骨、一块齿骨（下颌）、30枚脊椎、肠骨、坐骨、耻骨、股骨、腓骨、胫跗骨及跖骨。值得一提的是，这件6.5米长的冰脊龙的化石居然还是未成年的个体，这意味着成年后的冰脊龙将更加庞大。目前研究依然在继续中，更多的谜团将在未来慢慢揭开。

冰脊龙的发现

Discovery of Cryolophosaurus

在1991年，地质学家埃利奥特博士在南极洲的下侏罗统地层的考察中，在冰雪覆盖的山坡上意外发现了冰脊龙的化石。2004年至今，古生物学家耗费了大量资金与人力物力，一直试图将这只恐龙完整地挖掘出来。化石虽然非常完整，但岩石实在太过坚硬，而且南极洲的自然环境非常险恶，挖掘工作一直在艰难地进行中。

冰脊龙化石

直到2010年底，笔者参加的美国-加拿大-新西兰南极联合恐龙挖掘中，我们还在费力地挖掘这件恐龙剩下的部件，如尾巴等等。但有趣的是，我们还发现了一件小型的鸟脚类恐龙，说不定它是冰脊龙的另一顿佳肴呢！

冻土下的冰脊龙

冰脊龙的重建模型目前安放在比利时的布鲁塞尔。化石则发现于南极横贯山脉比尔德莫尔冰川的柯克帕特里克峰海拔约4000米的地方，距离南极点约650公里。这些化石保存在硅质粉砂岩中，虽然化石比较完整，但由于挖掘环境十分恶劣，冰脊龙化石的发掘进度从发现之后一直进行得十分缓慢。古生物学家们共计挖出了2～3吨重的岩石，其中包含了100多块化石骨骼。

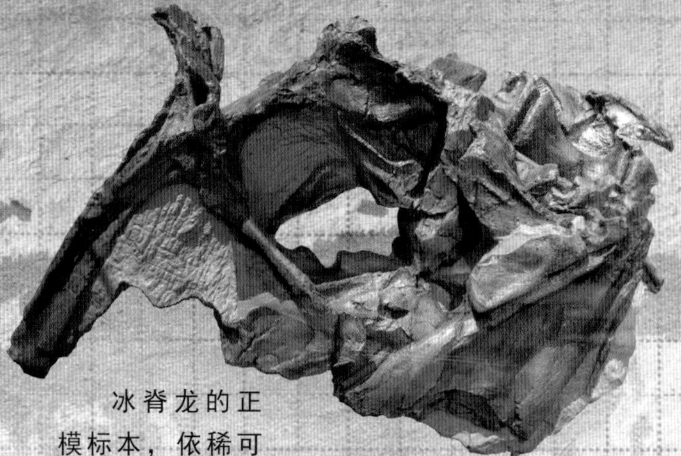

冰脊龙的正模标本，依稀可以辨认出其中的一些骨骼部位。

冰脊龙的椎骨化石

冰脊龙另一个版本的颅骨复原，有着类似双脊龙的狭长口鼻部。

Cryolophosaurus

位于布鲁塞尔的冰脊龙重建模型，可以看出冰脊龙的体型与同为坚尾龙类的单脊龙比较相似。

冰脊龙银杏叶状的头冠，上面具有纵向的沟槽，可能通有血管和神经。值得一提的是这个头冠属于一只还未完全成年的冰脊龙，也就是说目前尚不清楚完全发育的冰脊龙长有什么样的头冠。这一对头冠可能相当大，在早侏罗纪的南极森林里一眼就可以被异性发现。

冰脊龙的颅骨复原。这个猎手长有高而窄的颅骨，它的颅骨大约有65厘米长。结构有点类似于单脊龙，它们的下颌上也有一对圆孔。

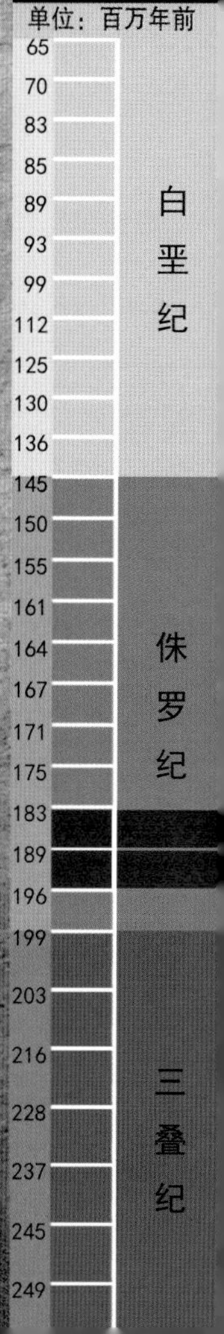

180°
360°
AR 科学体验

AR魔法恐龙乐园

陆地霸主NO.3

流星锤勇士 包头龙

DINOSTAR
恐龙星际
長春出版社
国 家 一 级 出 版 社
全国百佳图书出版单位

包头龙

Euoplocephalus

无敌坦克

灌木丛中发出了窸窸窣窣的动静，一个长满甲片的脑袋从树丛中探了出来！这只动物有着矮胖的身体和满身的盔甲，尾巴上还有一个大骨锤。这就是包头龙了。

包头龙也叫作优头甲龙，是一种非常著名的植食性恐龙。它们生存于距今8500万～6500万年前白垩纪晚期的北美洲。它属于甲龙类恐龙，而且是其中体型最大的物种，与亚洲象差不多大。从外形上看，它又低又宽的身体是最醒目的特征，当然还有其身上的尖锐的骨棘装甲和恐怖的棍棒尾巴。而这些装备也使它在激烈的生存斗争中获得了良好的防御，称得上完备至极。

比例图

包头龙小档案

拉丁文学名：*Euoplocephalus*
名称含义：具有完备装甲的头部
中文名字：包头龙
分类：鸟臀目·甲龙类
食性：植食
体重：2吨
身长：6米
身高：2.2米
体型特征：尾巴末端长有沉重的尾锤
生存时期：白垩纪晚期
生活区域：美国、加拿大

包头龙的身体结构
Structure of Euoplocephalus

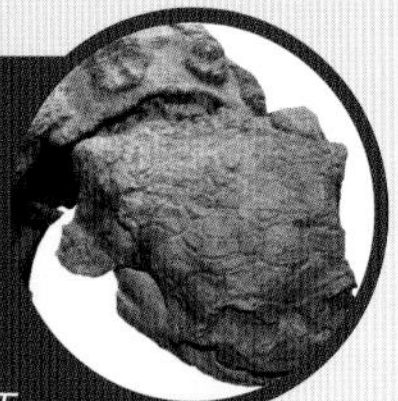

全封闭的脑袋

这真是一个不可思议的脑袋！大多数恐龙的脑袋，无论肉食性的还是植食性的，几乎都拥有眼眶后面的上下颞孔，以及前面的眶前孔，而包头龙为了得到一个更坚固的脑袋将这些孔愈合起来了！

连眼皮都有装甲

包头龙的脑袋表面长有大小不一的骨质甲片，这些骨质甲片甚至包裹了眼睑，并且非常灵活，可以上下开合。这些恐龙时代的“装甲车”连别的恐龙“叉”它眼睛的机会都不给，真正做到了全方位保护头部。

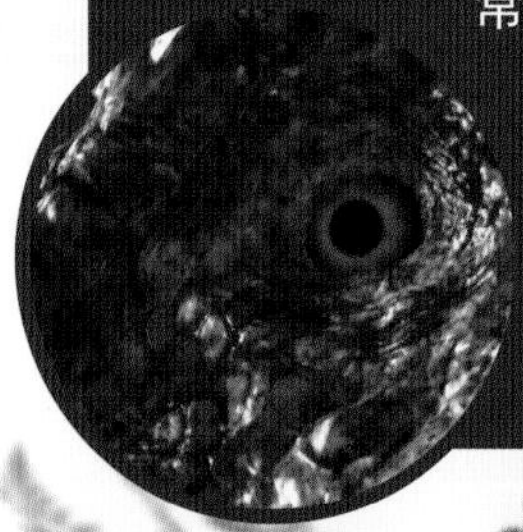

“横向”的身躯

侧面看上去，包头龙还算“正常”，但如果从正面看，你一定会吓一跳——它实在太宽了，6米长的身躯，竟然宽达2.4米！这是什么概念呢？这让包头龙看上去就像一个放倒的橡木酒桶。

颠覆想象的吞食方式

包头龙的进食方式是一种极为复杂的颌部运动，是一种依靠下排牙齿和上排牙齿相互牵拉摩擦的双重用力机制。整个冲程表现为一种缩进方式，包括下颌骨的双边及中间的轴向运动。

包头龙的防守武器

Defense Weapons of Euoplocephalus

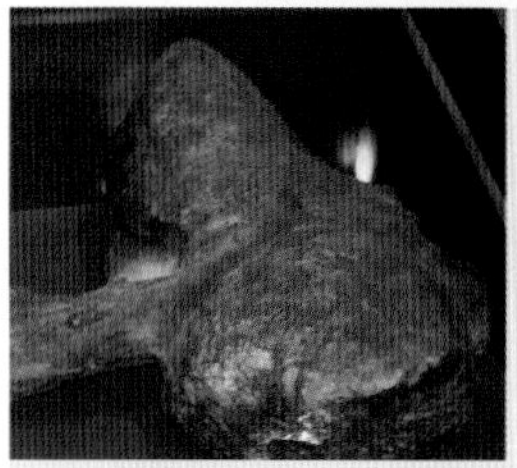

史前兵器谱中的“流星锤”

包头龙身上最容易辨认的特征是什么？那一定是它酷似“流星锤”的尾巴，也就是著名的尾锤。它处于尾巴的最末端，呈双蛋形。这柄大锤并非实心，而是有孔的，这能在保证攻击力的同时又有效地减重。在遭到食肉恐龙攻击的时候，包头龙不会一味采取防御措施，它们也会主动进攻，狠狠教训那些不知好歹的肉食动物。

攻击功能

包头龙会奋力挥动“流星锤”，用力抽打袭击者的腿部。它尾巴上有骨化的肌腱，尾锤则与尾巴最末几节尾椎紧密结合在一起，摆动起来非常灵活。当包头龙使用尾锤时，应该是以左右摇摆的扇面攻击为主。这种尾锤由最末端的几节尾椎和几大块皮内成骨组成。末尾的几节尾椎互相连接，彼此愈合形成这把大锤的柄。这个可怕的武器由坚实的筋腱操纵，可以以一种强大的力量挥动，对来犯之敌造成严重的伤害。

战术功能

和大多数甲龙类恐龙一样，包头龙的腹部没有装甲。虽然包头龙可以长到6米长，但它们的身高很矮，只有约2.2米。这种低重心的体型适合蹲伏防御，不会轻易被肉食恐龙掀翻。每当遇到自己不可抗拒的敌害时，包头龙就会趴在地上，避免身体被掀翻，以保护全身唯一的弱点——柔软的腹部。这有点类似新生代的雕齿兽或现代的犰狳，都是靠着背部厚实的装甲皮肤来抵挡食肉者的攻击。

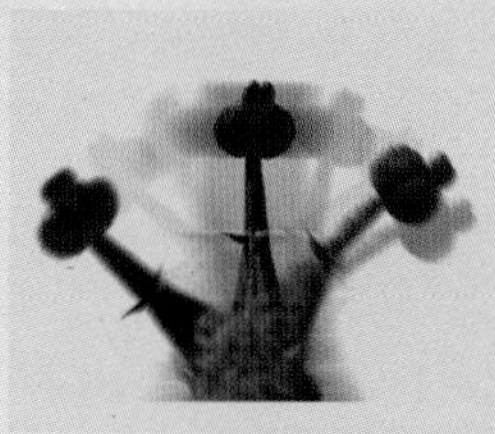

包头龙尾部挥动轨迹

包头龙侧面剪影

伪装功能

在通常的印象中，我们都认为包头龙的尾锤是作为武器来使用的。但曾经有个别古生物学者提出一个奇特的概念：包头龙还可以高举着尾巴——使它看起来像是恐龙的小脑袋，然后包头龙会躲在鸭嘴龙群之中作拟态状，使掠食者无法发现它的存在。

包头龙的故事 The Story of Euoplocephalus

——对阵掠食者

温柔的小河蜿蜒流过平原，两侧的河滩上生长着茂盛的低矮植物。不远处的高地上，高大的杉树组成了一片茂密的森林。森林边的灌木轻轻晃动起来，一只包头龙从灌木中露出了头。它小心翼翼地顺着土坡走了过去，河滩上这些鲜嫩的植物对它充满了诱惑。

1 包头龙在河滩上边缓缓移动，边埋头撕扯着植物的枝叶，这头忙于进食的巨兽虽然浑身披着坚硬的骨板，不过由于骨板呈带状环绕在它的颈、躯干上，所以并不会限制包头龙的行动，相反它的动作非常灵活。它大口地进食着，沉重的尾巴轻轻地垂了下去。

2 对于多数肉食恐龙来说，攻击任何一头成年的包头龙都是非常危险的。包头龙那完美的甲胄让它们无从下口，如果被那尾锤砸到更是得不偿失。但饥饿迫使这头一直藏身在森林中的艾伯塔龙铤而走险，它冲出了森林，准备开展攻击！

3 包头龙的视力不好，但嗅觉很灵敏，它发现艾伯塔龙后，立即压低身体，抬高了臀部，挥动着尾锤，警告对方不要过来。艾伯塔龙不得不停了下来，它围着包头龙兜起了圈子，希望可以找到破绽。突然，艾伯塔龙箭步冲了上来，它希望能翻倒包头龙，攻击它那没有骨板保护的腹部。

4 包头龙意识到了这点，它一个急转身，挥动尾锤重重砸在艾伯塔龙短小的前肢上，把它砸翻在地。趴在地上缓了半天才爬起来的艾伯塔龙拖着被可怕的“流星锤”砸断的前肢，沮丧地消失在森林中。包头龙一直等到这落败的掠食者的身影消失之后，才放下了自卫的架势。它晃了晃头，继续进食。

5 太阳的余晖把大地染成了一片温暖的橘红色。包头龙丝毫没有因为下午遭到的骚扰而失去兴致，这次袭击对它来说并没造成什么伤害，顶多只是背部的骨板上多了几道划痕而已。至于那头倒霉的艾伯塔龙，则会永远记住这次教训：不要招惹这些身披装甲的巨兽。

包头龙
的繁衍
Multiplying of Euoplocephalus

包头龙所有的骨骼化石都是被零散发现的，因此最初它们被推断为是独来独往的恐龙。但到了1988年，中国和加拿大的古生物学家在蒙古发现了多达22只的甲龙类幼体族群，这暗示包头龙也有可能是群居动物，或至少是在幼年时期群体生活。此外，甲龙类的足迹化石也显示，小甲龙宝宝可能会跟随着父母亲一起活动，这使它们会得到更多的保护。

古生物学家此前推断，如同现代的箭猪和犰狳，包头龙只有腹部是没有骨板保护的，所以要攻击包头龙的话就必须将它掀翻。最近，古生物学家研究了加拿大艾伯塔省的包头龙化石，所得出的结论无不支持了这个观点。他们发现鸭嘴龙类恐龙的骨骼上有很多肉食性恐龙的咬痕，而甲龙类则没有，这显示着这些大块头的甲龙类都是从肚子的角度被“攻破”的。

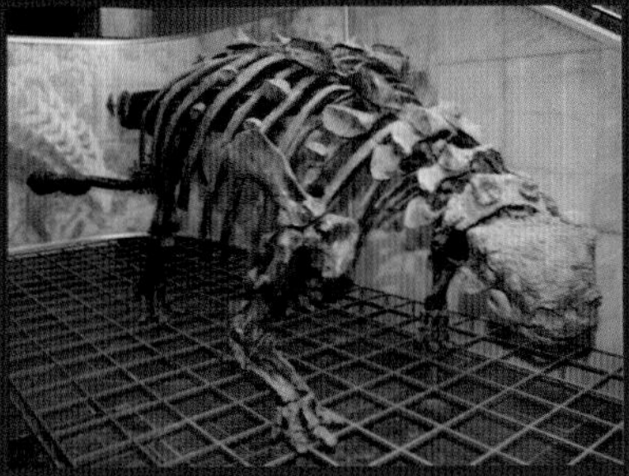

包头龙化石

1902年，古生物学家劳伦斯·赖博发现并命名了世界上第一个包头龙的化石，并将其命名为“Stereocephalus”。但是这个名称此前已被用来命名一种昆虫，于是到了1910年，这种动物更名为包头龙。

包头龙
的发现
Discovery of Euoplocephalus

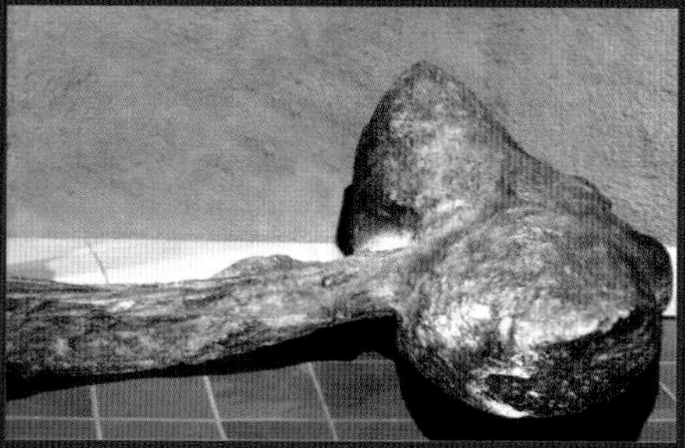

包头龙尾部化石

古生物学家在加拿大艾伯塔省及美国蒙大拿州一共发现了超过40件包头龙的化石，这其中包括了至少15个头骨，大量的牙齿，一个几乎完整的带着骨板的骨骼，当然还有大量的尾锤。如此丰富的标本使其成为研究程度最高的甲龙类恐龙。在此之外，包头龙还是“最完整的甲龙类化石”的纪录保持者。

一些包头龙的化石被发现时在古河道里呈现出四脚朝天的姿势。这可能是因为它们的背甲实在太重了，在遭遇山洪或者落水溺死之后，沉重的背甲把它翻了个身，然后被埋在河底的泥沙中变成化石。

“红鹿河”的包头龙

图为包头龙主题纪念币。2010年加拿大发行的恐龙主题纪念币，一面为英女王伊丽莎白二世的头像，另一面是恐龙的化石剪影。

包头龙最早被发现，是在加拿大艾伯塔省的红鹿河地区。这里发现了世界上最早的一件包头龙化石。后来这件化石被正式命名为包头龙。这件化石包括上半部头盖骨，5块环形甲片以及其他一些零散的骨骼。其中那5块环形的甲片是包头龙颈部的护甲。

在20世纪初，北美出土了很多甲龙类动物的骨骸。其中一些可被确定为包头龙，而另一些骨骼化石的分类一直存在着争议。这些化石曾被拆分为不同种类的甲龙类，而后又被划归包头龙类。在近几年的研究中，科学家们似乎倾向于将这些化石再次分类为不同种类的甲龙类恐龙。

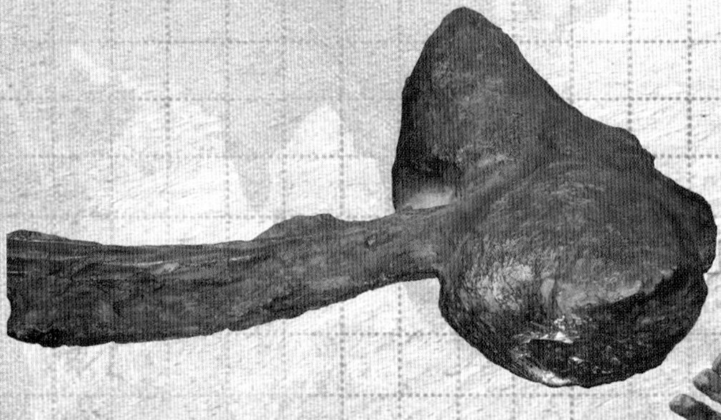

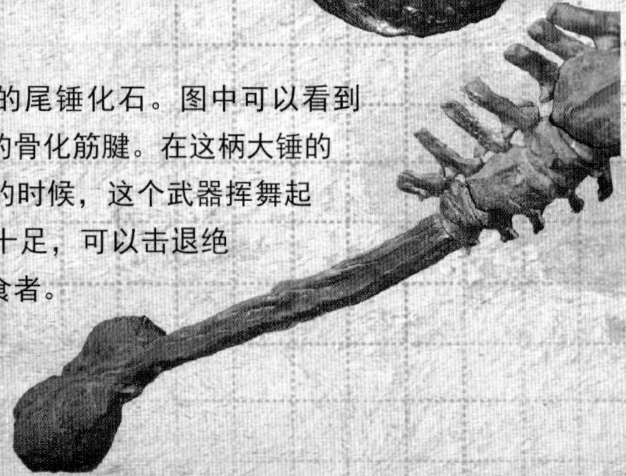

包头龙的尾锤化石。图中可以看到包头龙尾部的骨化筋腱。在这柄大锤的主人还活着的时候，这个武器挥舞起来一定威力十足，可以击退绝大多数的掠食者。

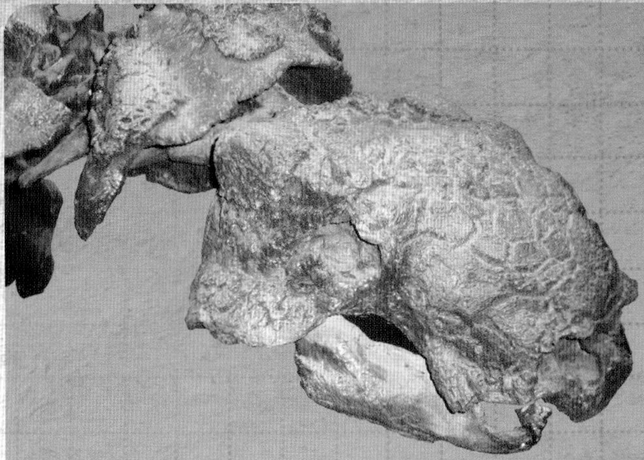

包头龙装甲完备的头部化石。它们骨缝愈合的整个头骨活像一个骨头做的保险箱，严密地保护着脆弱的脑子和眼睛。骨化的眼睑可以完美防御外来的威胁，它们完全不用担心眼睛会受伤。

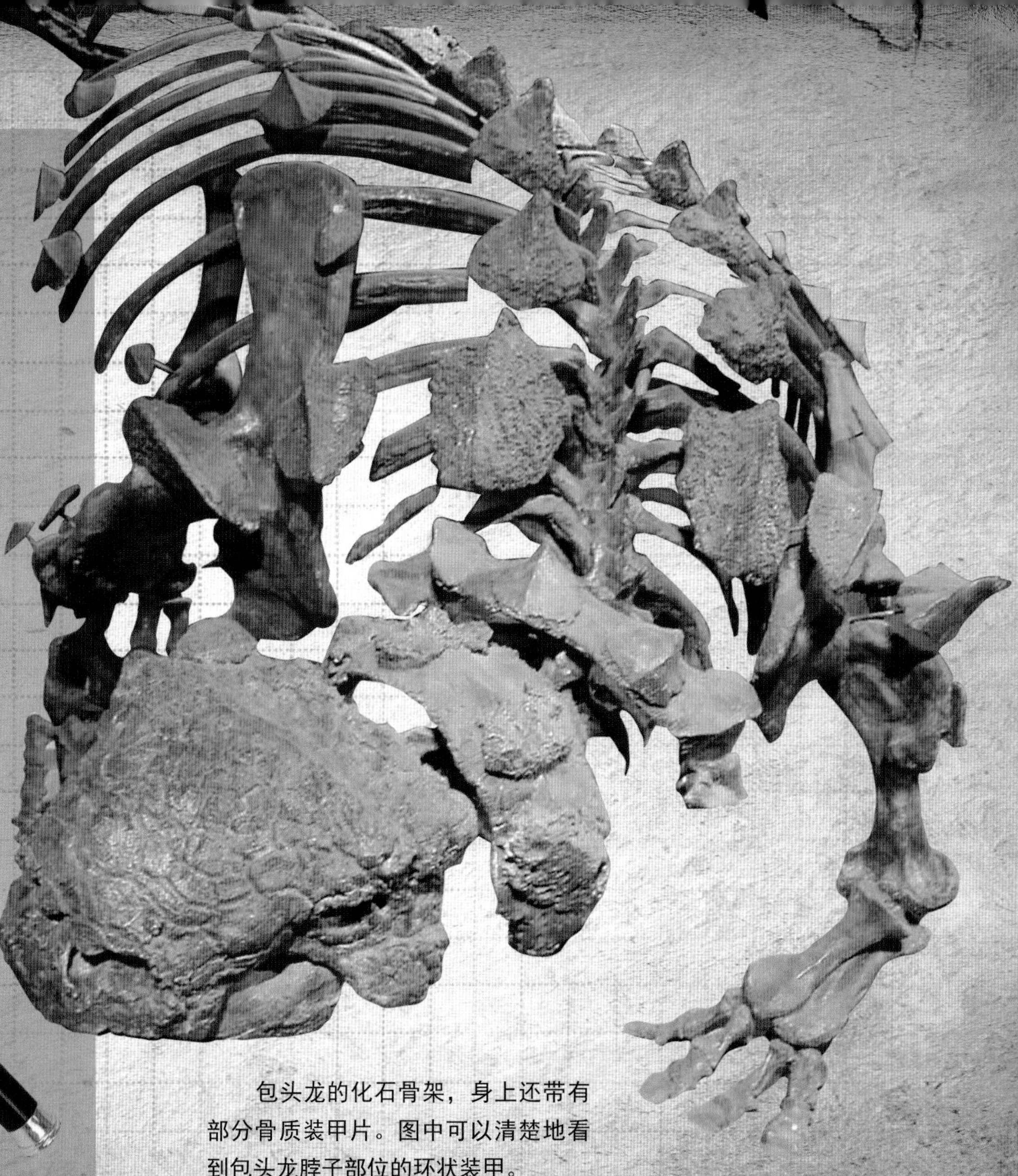

包头龙的化石骨架，身上还带有部分骨质装甲片。图中可以清楚地看到包头龙脖子部位的环状装甲。

Euoplocephalus

单位：百万年前

65
70
83
85
89
93
99
112
125
130
136
145
150
155
161
164
167
171
175
183
189
196
199
203
216
228
237
245
249

白垩纪

侏罗纪

三叠纪

180°
360°
AR 科学体验

AR魔法恐龙乐园
陆地霸主NO.1
力量霸主
暴龙
DINOSTAR
恐龙星际
長春出版社
国家一级出版社
全国百佳图书出版单位

暴龙

Tyrannosaurus

恐龙时代的终极霸王

暴龙绝对是古生物史上的最强偶像，自从1905年命名以来就一直长盛不衰。由它领军的“恐龙文化”从惊悚刺激的噱头，到点燃孩童求索的愿望，牢牢占据了百年人心，它绝对是一位恐龙时代的终极霸王！

暴龙只有一个种——君王暴龙（又名霸王龙），它是大型的肉食性恐龙，生存于距今约6850万～6550万年前的白垩纪晚期，是“目睹”恐龙大灭绝前最后的斗士之一。暴龙身上有无尽的传奇，那巨大的嘴巴，锋利的牙齿，强健的后肢，粗壮的尾巴，这些都使它所向披靡。

比例图

暴龙小档案

拉丁文学名：*Tyrannosaurus*
名称含义：残暴的蜥蜴之王
中文名字：暴龙
分类：蜥臀目 · 兽脚类 · 暴龙类
食性：肉食
体重：6～10吨
身长：10～13米
身高：约4米
体型特征：巨大的头部，口中有着“香蕉牙”
生存时期：白垩纪晚期
生活区域：北美洲、亚洲

暴龙

的身体结构

Structure of Tyrannosaurus

圆滚滚的大尾巴

其实全部尾巴拖在地上的暴龙造型都是错误的！暴龙行走时尾巴并不接触地面，而是水平地挺直在身后，以帮助保持身体平衡。而且这条肌肉强壮的大尾巴也是攻击敌人的有效武器。

和刘翔赛跑！

成年暴龙的生理结构决定了它们不能奔跑，只能以每小时18～40千米左右的速度行走。但是未成年的暴龙体型较小，它们可能达到每秒20米的高速，这比刘翔的最好成绩还高出2倍多！

致命的香蕉牙

暴龙口中密布60余颗牙齿，形状类似香蕉，最长的竟长达30厘米——这条“香蕉”的三分之二以上其实是埋在牙龈里的。此外，“香蕉”的前后两面还有非常细密的锯齿。这些锯齿像牛排刀一样，随时准备刺入猎物的身体，为主人撕下一大块儿美味。

随身携带千斤顶

暴龙前肢相对于它巨大的身体显得十分短小。这一对小短手大约1米长，末端只有两个爪状的趾头，第三趾几近消失。虽然前肢相对纤细，却起着“千斤顶”的作用，可以帮助趴着的暴龙站起身来。

暴龙 *Killing Equipment of Tyrannosaurus* 杀戮装备

恐怖的“大头”功

暴龙是天生的杀戮机器，它整个身体就是专为袭击其他恐龙而设计的：1.55米的头颅长而窄，颈部短粗，身躯结实，后肢强健粗壮，尾巴向后挺直以平衡身体。这其中引人注目的便是它的大脑袋，它集合了“十八般武器”，无敌于天下。

清理功能

暴龙的头骨里长有一个三角形凹槽，这显然是舌头的位置。暴龙的舌头在头骨中占的比例相当大，完全有能力伸出口腔舔舐自己的颌部，这条大舌头上可能还生有肉刺，方便暴龙刮干净大骨棒上的碎肉。

侦察功能

暴龙头骨的前端部位有一个足有小孩儿拳头大小的孔洞，里面生长了一个巨大的嗅觉神经球，这个处理气味的器官面积几乎占据了全部脑腔的一半！因此，它可以在很远的地方就嗅到腐尸或者猎物的气味。

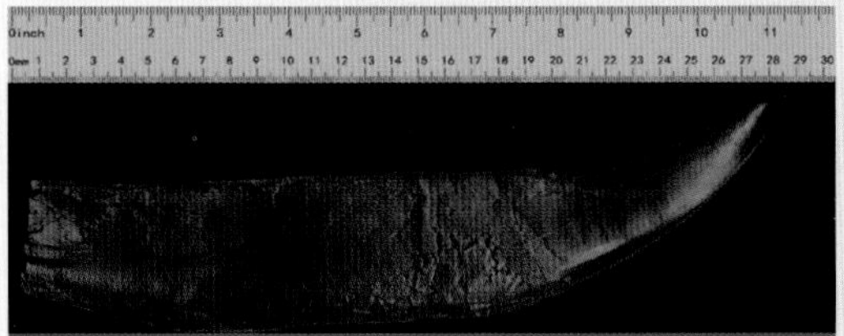

暴龙牙齿化石

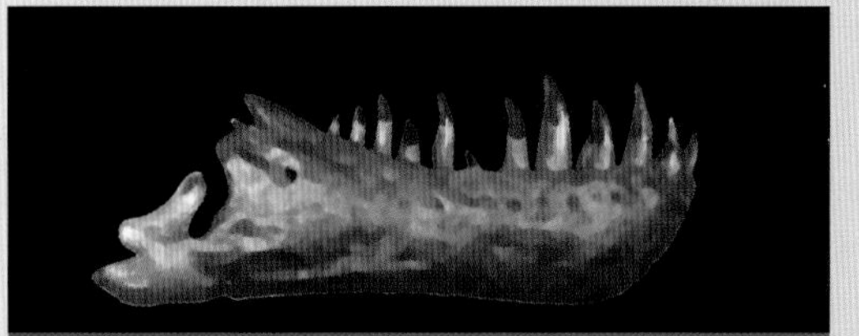

暴龙牙齿化石

猎杀功能

暴龙的战斗力从来不容置疑，它的头骨是暴龙类中最强壮的。暴龙头上的空腔相对较小，使头骨更加坚实；下颌特别强壮，附着约6300～8000平方厘米的肌肉，最大咬力约183000～235000牛！

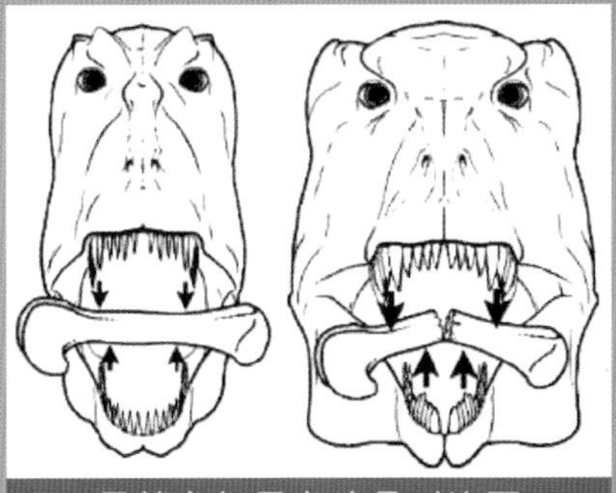

异特龙与暴龙头骨对比图

暴龙的故事 The Story of Tyrannosaurus

——鸭嘴龙的梦魇

绚丽的朝霞把天空渲染成了一片淡淡的紫红色，预示着这是一个好天气。倒映在湖水里的晨阳很快被搅得支离破碎，一大群大大小小的恐龙正在湖边喝水，多么惬意的场景！但是在白垩纪晚期的森林里，好天气不代表动物们的一天都会是平静的，素食恐龙们无时无刻不面临着暴龙这样可怕的掠食者的威胁。

1 暴龙轻轻地在木兰树间穿行，它边走边仔细地嗅着空气，植物的枝叶在它身上轻轻拂过。即使是对暴龙来说，狩猎也是非常困难的。捕杀一只鸭嘴龙几乎要耗费一整天的时间，如果狩猎失败了，那么暴龙将整天一无所获，所以它力求一击必胜。

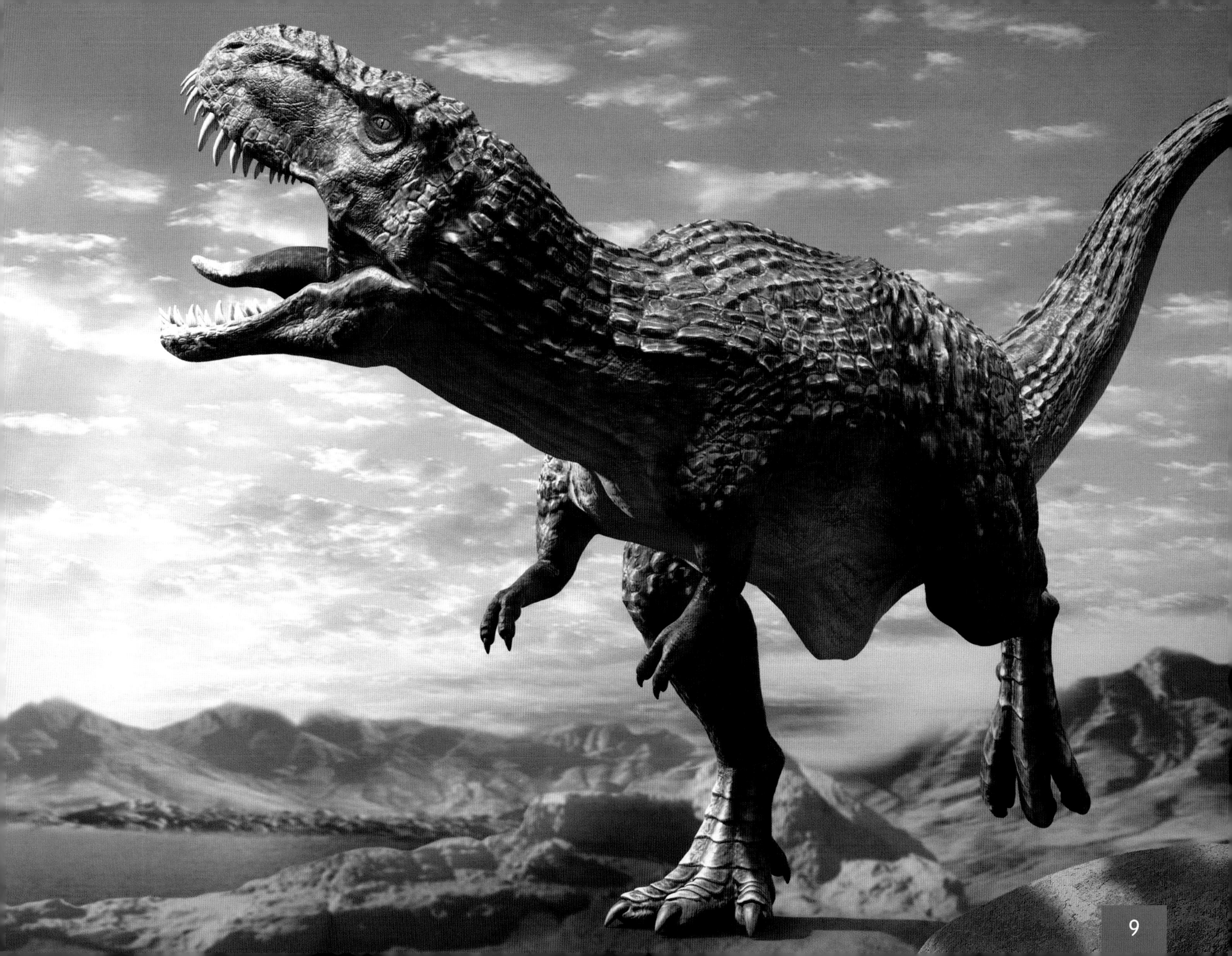

2 猎杀计划在此时悄然开始了。凭着敏锐的嗅觉，暴龙发现了前方不远处的一群鸭嘴龙正散落在平原与森林的交界处寻觅食物。这些恐龙虽有着异常灵敏的感官系统，但它们沉醉于美好的天气之中，没有发现不远的地方有一只可怕的猎手正在死死地盯着它们。暴龙小心地隐藏在粗壮的木兰树后，开动它聪明的大脑盘算起来，它笃定鸭嘴龙斗不过它的智商，最起码有一只绝对逃脱不掉。

3 几只鸭嘴龙只顾着低头觅食，慢慢地脱离了群体。清晨沾有露水的植物使它们如醉如痴，丝毫没有注意到此时已经与那只锁定了它们的暴龙越来越接近，暴龙张着它的钉牙巨口直视着眼前这些笨笨的家伙，美美的一餐就要来了。

4 暴龙从藏身之处一跃而出，被它撞断的树枝发出可怕的折断声。鸭嘴龙们被这突如其来的可怕敌人吓得四处逃窜。掠食者的大嘴咬住了最近一只鸭嘴龙的尾巴，将它拖倒。鸭嘴龙还想挣扎着站起身，但随之而来的一撞让它彻底摔了个四脚朝天。暴龙踩住这可怜的牺牲品，咬住脖子一扭便结束了它的性命。其他的鸭嘴龙早已经跑得不知去向，只能听到森林里远远地传出零星鸭嘴龙呼唤同伴的哀鸣。

5 暴龙不需要每天狩猎，这只鸭嘴龙足够它饱腹几天了。猎杀过后，暴龙安静地靠在树边打着呼噜，发达的肌肉不时抽搐着，沉沉地睡去了。在它的脚下躺着那具鸭嘴龙的尸体，一条后腿和大半内脏已经不见了。暴龙在接下来几天时间内都会呆在这具尸体旁，一直到吃光或者尸体腐烂为止。

暴龙的繁衍

Multiplying of Tyrannosaurus

暴龙的蛋是长椭圆形的，就像法国面包。其长度可能有45～50厘米，并且成对儿排列。雌暴龙可能会看守巢穴达数月之久，等待小暴龙破壳而出。刚孵出的小暴龙长90厘米，重2.6～3.6公斤，它们一出壳就可以独自行动，不给家族增加太大的负担。此外，小暴龙刚出生的时候可能披着一身绒毛，这有助于保持体温，也让它们看起来非常可爱。等到小暴龙满一岁的时候，这身绒毛就会慢慢脱落，因为此时的它们已经足够强壮了。年幼的暴龙每天最重要的事情就是进食，它们的最快生长速度为每天增重2.1公斤，这种高速生长直到20岁，之后生长速度减缓。

成年的暴龙很可能是独来独往的“独行客”，一只暴龙可以控制数十平方公里的势力范围。那么它的食物是什么呢？多年前，古生物学家在埃德蒙顿龙的尾巴上发现了被暴龙袭击过的痕迹。X光扫描后表明，这部分受伤的骨头再生过，这让人们第一次发现了暴龙袭击活恐龙的证据。2003年，蒙大拿州又发现了被暴龙袭击过的三角龙化石。在这块化石上，三角龙的角与颈饰都被暴龙咬伤，之后又再生。所以，暴龙的活物菜单上，又增加了三角龙的名字。

发现者 布朗

暴龙
的发现
Discovery of Tyrannosaurus

1902年，美国一位恐龙化石采集家布朗在美国蒙大拿州的地狱溪发现了一具巨型的肉食性动物骨骼，当时他是美国国家历史博物馆的工作人员。之后的两个夏天，他不断在坚硬的砂岩中挖掘骨骸。由于骨骸相当沉重，于是他制造了一种用马匹拖拉的专用雪橇，这才把骨骸运到附近的公路。他发现的是第一具暴龙的骨骸！后来，这件标本由纽约自然史博物馆馆长，布朗的老板奥斯本于1905年命名。

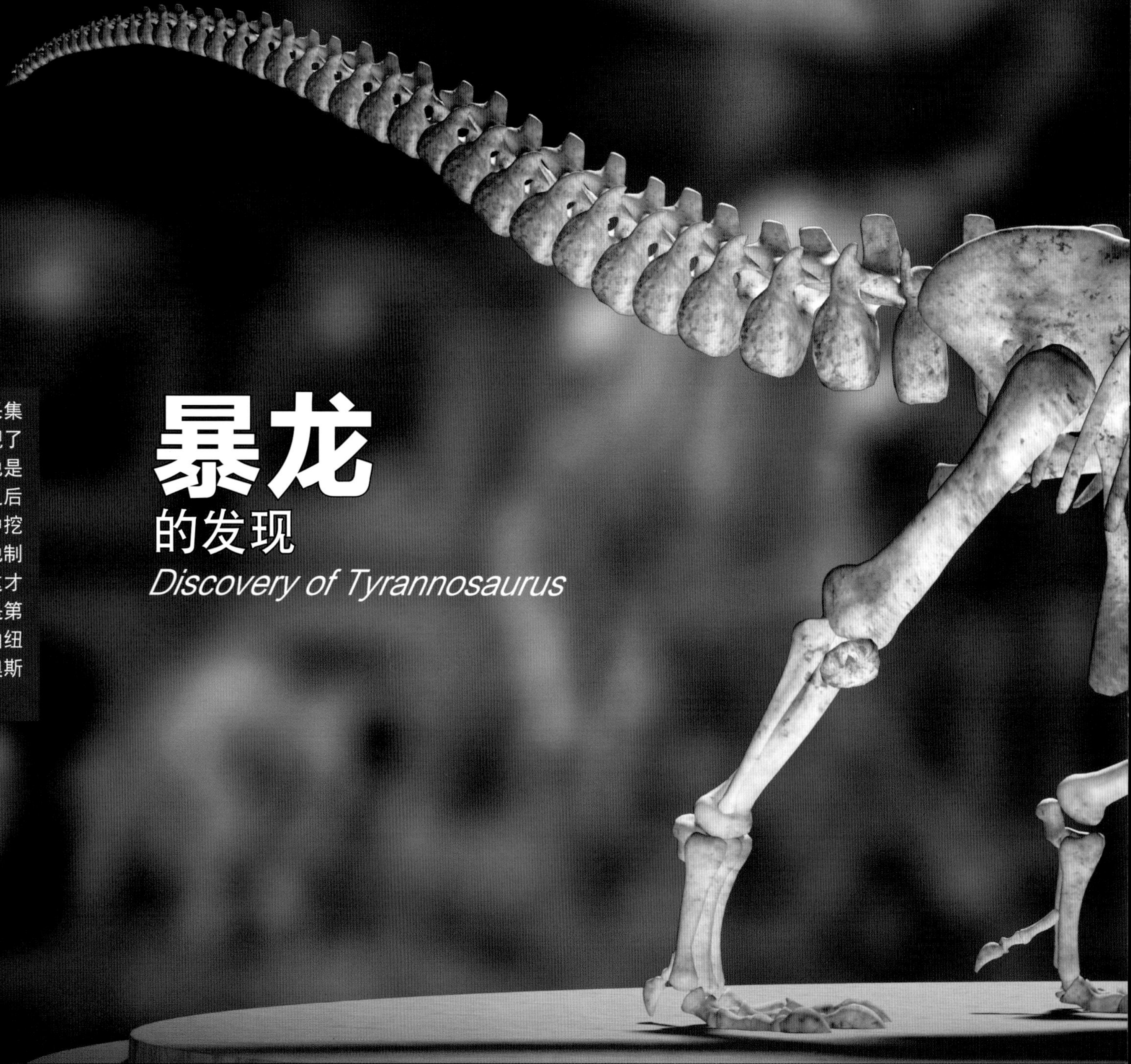

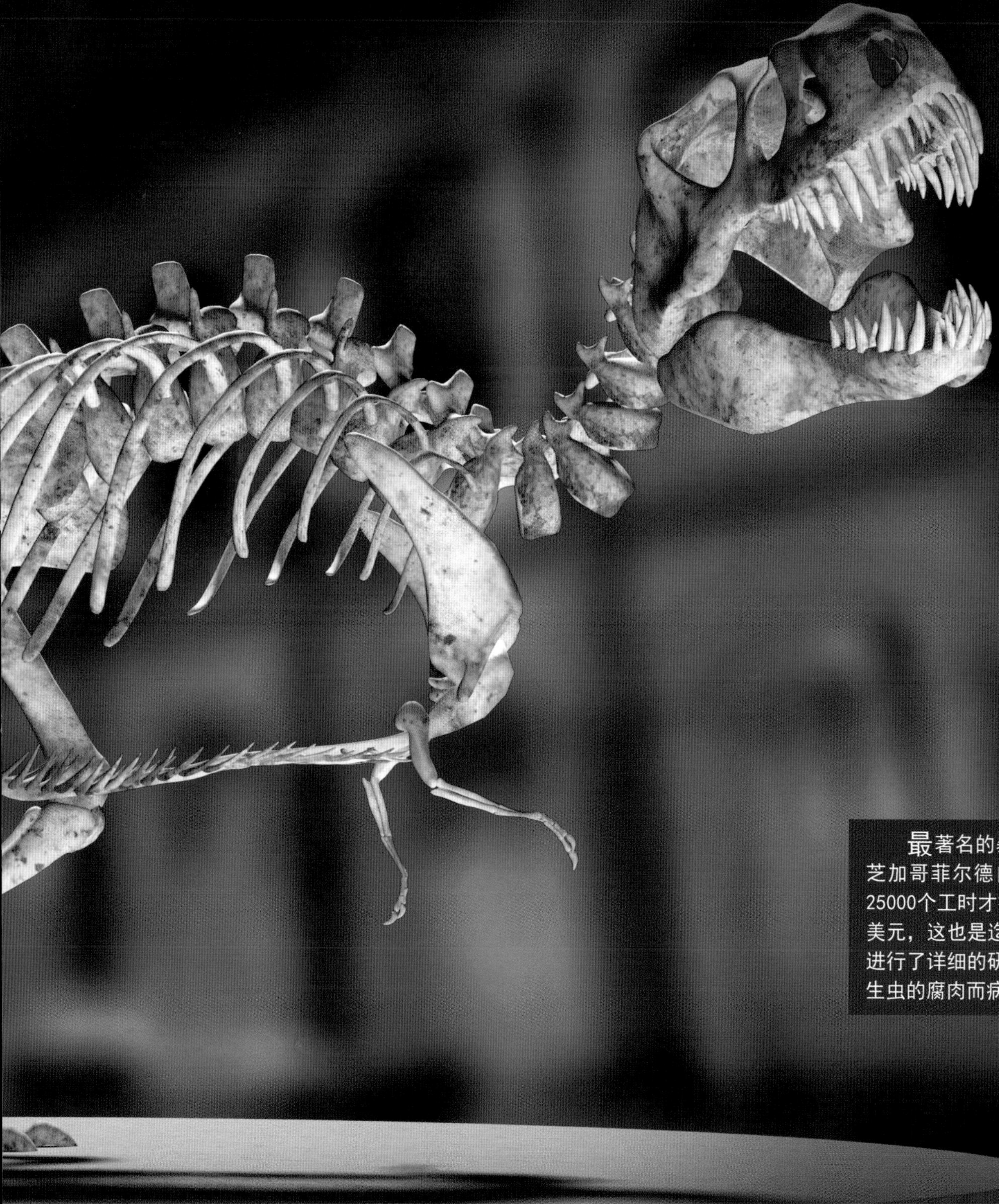

命名者　亨利·奥斯本

最著名的暴龙标本则是“苏”。它保存了将近85%的骨骼化石，芝加哥菲尔德自然史博物馆的化石修理师在1998年至1999年花了25000个工时才把它从岩石上完全修理出来，而买下它也花掉了760万美元，这也是迄今价格最高的恐龙化石。科学家对“苏”的骨骼化石进行了详细的研究，推测它可能有19～28岁，它可能是因为吃了有寄生虫的腐肉而病死的。

暴龙的“祖先”在中国

喀左中国暴龙化石

2009年3月，从中国辽宁省喀喇沁左翼蒙古族自治县国土资源局传来消息，有人在大城子镇小城子村的一处采石场发掘出古生物化石，这对考古工作者来说，又是一件令人振奋的事情。中国地质科学院的研究员季强、姬书安等人闻讯前往现场勘察。根据现场裸露的化石，由季强、姬书安和辽宁省化石资源保护管理局张立军博士共3人组成的研究团队，在半年多的时间里比对了大量的相关资料，对此化石进行了认真细致的研究。

功夫不负有心人，终于，目前世界上已发现的最大、最早的早白垩纪暴龙——喀左中国暴龙于2009年9月公诸于世。这是我国古生物两代科学家在全国各地寻找了40多年的物种，这样的研究结果震惊世界考古界，也为中国文化遗产再添嘉誉。

人类将远古的遗迹重塑出炉，为中国带出一份珍稀“瑰宝”鸣放世界，生命时隔亿年，但是时间将远古与现世紧密衔接，再一次宣讲生命的力量！

“喀左中国暴龙”新闻发布会

在岩石中的化石，这些化石属于喀左中国暴龙。

正在展出的喀左中国暴龙骨架模型。

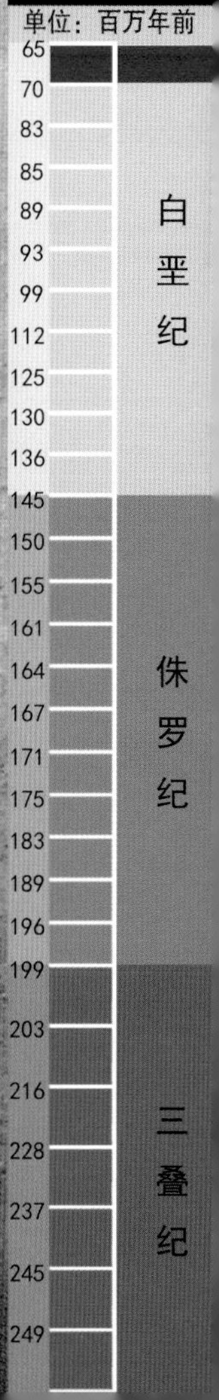

180°
360°
AR 科学体验

AR魔法恐龙乐园

陆地霸主NO.2

终极角斗士 三角龙

DINOSTAR 恐龙星际

長春出版社
国家一级出版社
全国百佳图书出版单位

三角龙 *Triceratops*

终极角斗士

三角龙是角龙类中最著名的物种。这些脸上长有尖角的大家伙是植食性的，它们生活在距今约6800万～6500万年前白垩纪晚期的北美洲。三角龙生活的年代已经到了恐龙时代落幕时，所以它们也是“末代恐龙”的代表性物种之一。三角龙有着三只尖角和大型的颈盾，这些颈盾与角的功能时常处于争论中。当面对危险时，三角龙可能就像现在非洲草原上的水牛和犀牛一样，依靠强壮的体型和锋利的武器来保护自己。

三角龙小档案

拉丁文学名：*Triceratops*
名称含义：有三只角的脸
中文名字：三角龙
分类：鸟臀目 · 角龙类
食性：植食
体重：6.1～12吨
身长：7.9～9米
身高：3米
体型特征：非常大的颈盾，以及三只大角
生存时期：白垩纪晚期
生活区域：北美洲

三角龙
的身体结构
Structure of Triceratops

可能身披鬃毛

令人大吃一惊的是，三角龙可能具有独特的皮肤结构。某些三角龙的身体背部可能覆盖着类似鬃毛的结构。这种可能性并不渺茫，因为原始的角龙类动物——鹦鹉嘴龙就发现过类似的构造。如果三角龙也像鹦鹉嘴龙一样在臀部上方长有鬃毛，这些鬃毛很可能也会被用来在繁殖季节向异性展示自己。

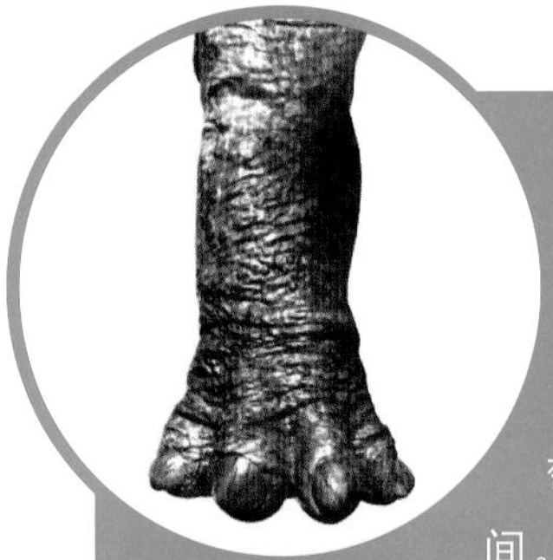

直立姿态的四肢

古生物学者们根据三角龙的足迹化石，并对骨架模型反复研究之后发现，三角龙在正常行走时保持着直立姿势，但肘部稍微弯曲，居于完全直立与完全伸展两种状态之间。三角龙前脚有五个脚趾，其中两个已经退化，后脚则有三个。前脚的脚趾较为分开，脚趾向前，脚掌向后。后脚的脚趾粗短，呈蹄状，在奔跑时可以提供更强的动力。

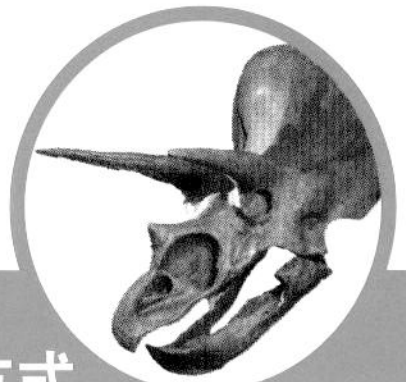

囫囵吞枣的进食方式

不同于现生的牛、马和人，三角龙的面颊并没有骨骼支撑，所以三角龙的面部形态其实更加类似于现在的鸟类。它们有一个大大的喙。曾有人认为三角龙也会用这种吓人的嘴来咬伤掠食者，但显然这一对大钩子更大的用途是将植物拉扯下来送进嘴里。

口中有近千颗牙齿

三角龙的嘴巴里面有36～40个齿群构成的齿系，总共有432～800颗牙齿。这些牙齿非常坚硬，上面覆盖有珐琅质，当旧齿被磨掉到一定程度后，新牙就长出来代替，这种不断更新牙齿的模式有些类似于鸭嘴龙类或兽脚类。

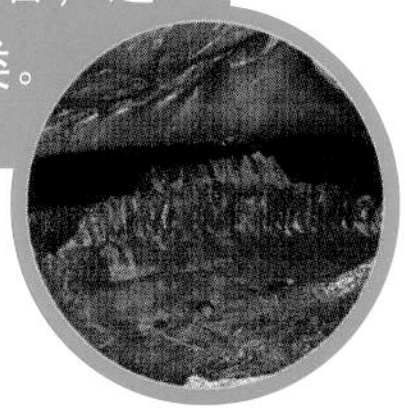

三角龙的防卫武器 Defense Weapons of Triceratops

完美的“矛与盾”

如果让你从现存的动物中找出一个与三角龙相似的动物来，我们想你会毫不犹豫地说是犀牛。犀牛有着和三角龙相似的长角，在遇到危险的时候会向敌人冲击过去。但三角龙比犀牛还要“凶猛”得多，它的头骨巨大、坚固，并生有盾牌一样的骨质颈盾，头部共有三只角：鼻子上那只角，我们称之为鼻角；眼睛上方的两只角，我们称之为眉角；其中鼻角较短，眉角较长，成年三角龙的眉角有1米长，是它们的看家武器。试着想象一下，如果把发怒的犀牛换成一只长9米重5吨，头上还长着两只1米长的尖角的巨兽，那该是一副怎样的景象！

求偶功能

就像如今的野牛、山羊一样，三角龙到了求偶季节也会用头角互相碰撞，以争夺心仪的雌龙。从骨骼上来说，这种互相碰撞的行为是合理的、可行的，但是古生物学家对此充满了争议。

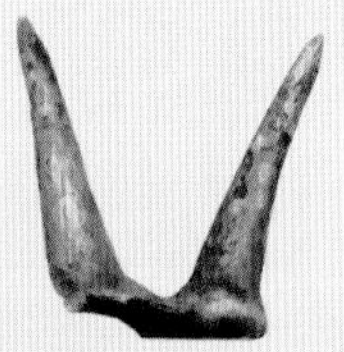
三角龙眉角化石

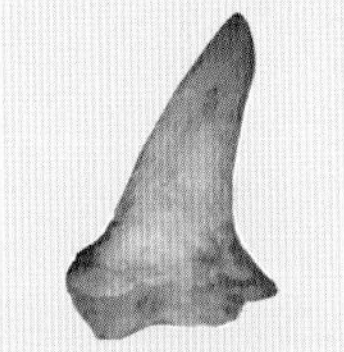
三角龙鼻角化石

识别功能

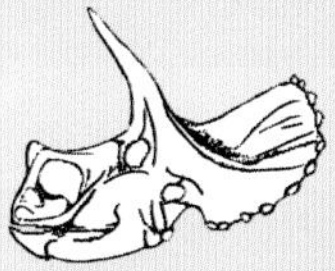
头骨轮廓图

古生物学家通过研究一个幼年三角龙颅骨化石，发现其颈盾与角在三角龙很小的时候，也就是早在性发育之前便开始发育，因此学者认为三角龙的颈盾与角可能作为彼此之间的视觉辨认物来使用。每一只三角龙颈盾的形状和纹路可能都存在着差别。

刺杀功能

长久以来，三角龙被认为可能使用角与颈盾与暴龙血战。但在2005年的一项模拟实验中，当三角龙的头骨模型以每小时30千米的速度撞向暴龙时，这个模型的鼻骨却被它自身的冲击力撞得粉碎。这个实验证明了对敌直接冲撞的攻击方式是不现实的。通常，三角龙会面向敌人，头部一上一下运动，使长长的眉角像古代骑士的长矛一样不停地向对手刺去。

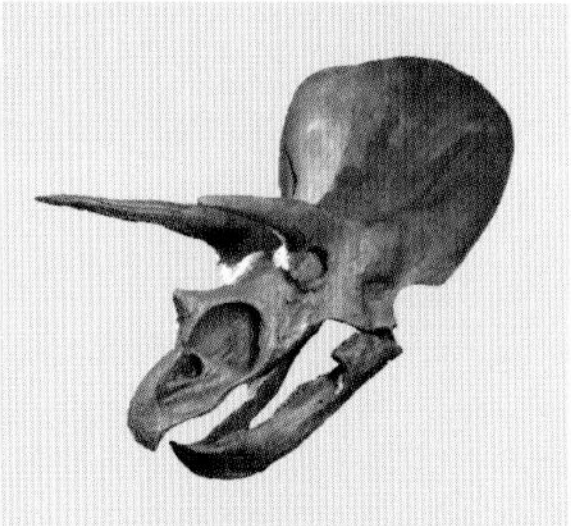
三角龙头骨化石（侧面）

三角龙头骨化石（正面）

三角龙的故事 *The Story of Triceratops*

——血战暴君

中午，阳光照在森林边缘。一只三角龙远离群体，在稀疏的树木之间寻找食物。它鼻子上有一个小而粗的角，眼睛上方各长有一个1米多长的角，这是它的武器。三角龙靠四肢行走，它的腿强壮如柱，尤其是它的两条前腿特别强壮，因为要支撑它那硕大沉重的头。

1 三角龙并没有注意到一头年轻的暴龙正在悄悄靠近。暴龙慢慢地在树木之间移动着，向三角龙背后绕了过来。也许是它太过年轻，经验不足，选择的攻击发力点虽然在猎物的背后，但是距离还是太远，很难达到出其不意的效果。暴龙急不可待地发起进攻，它迈着大步向猎物冲去。

2 三角龙听到了沉重的脚步声，急忙转过身来，以三只角对着来袭的暴龙。暴龙见自己的行踪被猎物发现了，猛然收住脚步，在三角龙面前停了下来。三角龙向着暴龙不停地仰起自己巨大的颈盾，两只长长的眉角如两根长矛，不断向暴龙刺去，而暴龙虽然张着大嘴，但面对着三角龙锋利的长角还是无从下口。被逼得一步步后退。

3 瞅准一个空隙，暴龙大吼一声，张着大嘴冲了过去。三角龙也没有怠慢，低下头迎了过来，却被敏捷的暴龙从侧面咬住了颈盾的边缘。暴龙的一只脚也踩到了三角龙的颈盾，将它的头硬生生地压了下去。不过，别看三角龙的体型比暴龙小很多，但是它重心低，身体很有力量，凭一只年轻的暴龙，想压制住它还是非常困难的。

4 疼痛顿时激发了三角龙的求生欲望。它爆发了。三角龙鼓足全力，就像一头愤怒的公牛般向上顶去，暴龙一下子被顶得失去了平衡，重重摔在地上。狂怒的三角龙猛冲了几步，将两只长长的眉角刺进了暴龙的身体，这可怕的攻击穿过肋骨的间隙直达暴龙的内脏。

5 暴龙惨叫一声向后退去，一瘸一拐地逃入森林。三角龙两只眉角的穿刺让它受到了致命的伤害，这只暴龙可能再也没有机会进行狩猎了，内脏的重伤在几天之内就会要了它的命。而三角龙却安然无恙，颈盾上的几处伤口根本算不了什么。当它转过身要去寻找族群时，三只大角已经被血染得通红。

奔跑
的三角龙
The Running Triceratops

古生物学家对三角龙的骨骼模型和骨骼强度进行了研究，并对它们的运动速度进行了推测，结论是三角龙最快的奔跑速度可以达到每秒9米，也就是每小时32.4千米，这相当于人类中百米赛跑健将的水平。

三角龙智力不高，反应也比暴龙慢，而且由于前后腿距离太近，起跑困难，战斗时的敏捷性远远不如暴龙。如果在一对一的情况下，三角龙很难取胜，几只三角龙联合也很难伤到暴龙。单只三角龙面对暴龙最佳的活命方法就是利用弯道逃跑，因为暴龙是两足行走，在折线奔跑上相对于四足奔跑者有着天生的劣势。追赶三角龙的时候，暴龙想要把巨大的身体转动90度可能需要几秒钟的时间，而三角龙则没有这个顾虑。在追逐中，只要两三个转弯，暴龙就会被甩在后边，难以追上。

三角龙
的发现
Discovery of Triceratops

第一件三角龙化石竟然被当成野牛。1887年，美国科罗拉多州丹佛市附近，古生物学家马什领导的野外挖掘队发现了一个颅骨顶部化石，上面还附带一对额角。当时，马什认为该化石属于一种特别大的北美野牛，地层为上新统，因此将其命名为“长角北美野牛”。

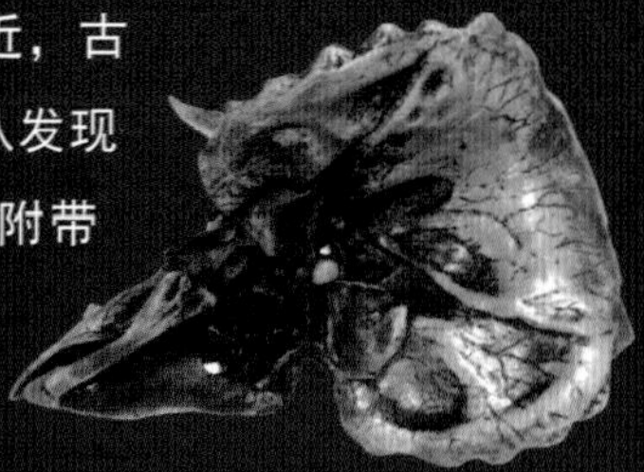
三角龙头骨底面

第二年，马什终于意识到地球曾存在过一种有角的恐龙，他根据一些破碎的化石，命名了角龙，但此时他仍认为“长角北美野牛”是新生代的一种哺乳类生物。

直到海彻尔于1888年发现了第三个更完整的颅骨，马什才不得不改变自己的想法，这些巨大的角其实属于中生代的恐龙，而不是什么哺乳动物。最初，马什将海彻尔的标本描述成角龙的一个种，最终在他的仔细考量后，他将这个标本另立新属，这就是著名的恐怖三角龙，而郁闷已久的“长角北美野牛”也终于被列为三角龙的一个种，成为长角三角龙。

虽然三角龙常常被描述成群居动物，但实际上很少有化石证据来证明这点。目前古生物学家只发现了一个三角龙的骨床，骨床位于美国蒙大拿州南部，其中包含三个幼年个体。三角龙的头骨化石经常被发现，而在其他动物化石中，脆弱的头骨常常是最容易遗失的部分之一。

三角龙家族中的“大鼻子家伙”

三角龙的角

2006年，美国研究人员在犹他州南部的沙漠发现了一种新的三角龙的化石，三角龙在恐龙迷中的人气一直都很高，而此次发现的草食性三角龙长得却与众不同，拥有巨大的鼻子和牛角一般弯曲的长角。这种三角龙身长约5米，体重约2.5吨。由于它具有其他三角龙所没有的大鼻子与长角，科学家将它命名为“*Nasutoceratops*”。

尽管看上去很凶猛，但其实它是非常温顺的四脚草食性恐龙。据推测，这种恐龙应该是生活在7600万年前的白垩纪时期，并且活跃于沼泽地区。古生物学家认为这种恐龙显眼的鼻子和角应该是用来吸引异性，并且在与竞争者争斗时也有巨大作用。

美国怀俄明州的三角龙化石，这些化石暴露在地表。这一组化石中有三只三角龙，至少其中一只可能死于暴龙之口。

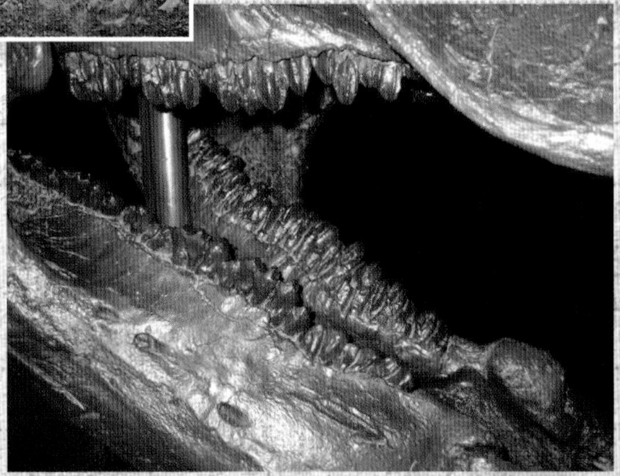

三角龙数量众多的牙齿，这些牙齿可以有效地碾碎植物的枝叶。每当牙齿磨损了，它们都会长出新牙来替换磨损的牙齿。

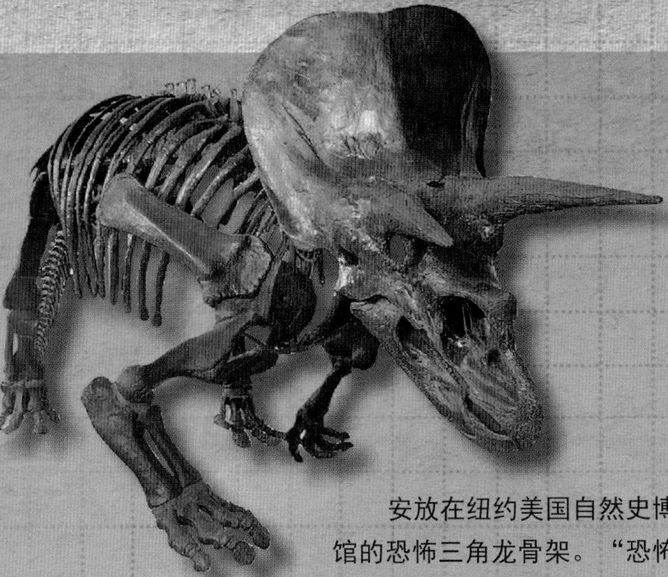

安放在纽约美国自然史博物馆的恐怖三角龙骨架。“恐怖三角龙”指这只三角龙的种名，即三角龙属的恐怖三角龙。

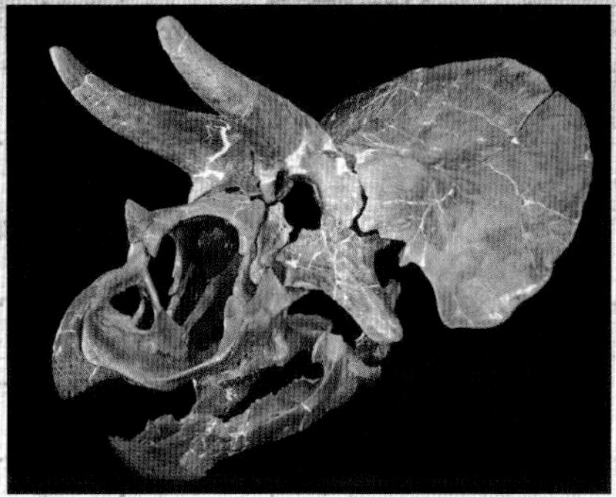

三角龙的头骨化石，可以明显看出鼻腔部分的骨骼比较脆弱。在对敌人的冲击中很可能导致头骨的前端骨折，因此它们更多地会用眉角向敌人挑刺而不是向对手直冲过去。

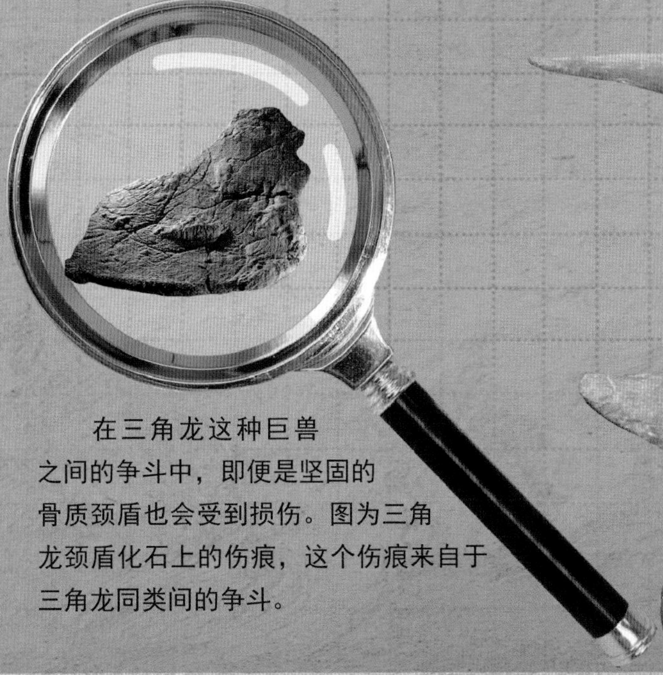

在三角龙这种巨兽之间的争斗中，即便是坚固的骨质颈盾也会受到损伤。图为三角龙颈盾化石上的伤痕，这个伤痕来自于三角龙同类间的争斗。

美国明尼苏达州科学博物馆的三角龙化石装架。

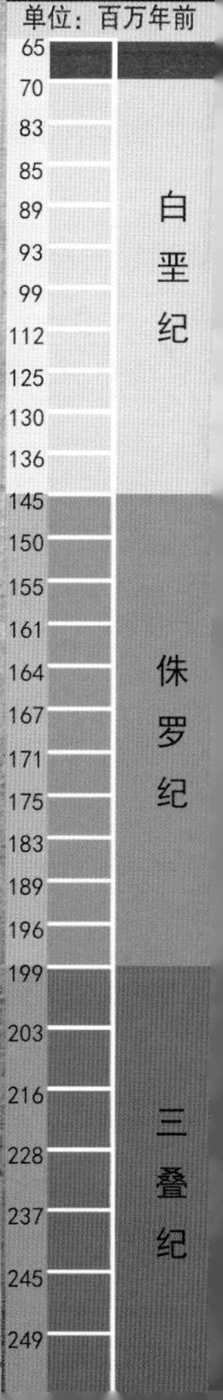

180°
360°
AR 科学体验

AR魔法恐龙乐园

陆地霸主NO.4

身世之谜 迷惑龙

DINOSTAR
恐龙星际

長春出版社
国家一级出版社
全国百佳图书出版单位

迷惑龙

Apatosaurus

最笨的恐龙

迷惑龙另一个大名鼎鼎的名字是“雷龙”，是一种极负盛名的植食性恐龙。它们生活在距今1.57亿~1.46亿年前侏罗纪晚期的美国。无论用的是什么名字，迷惑龙都是一种巨型恐龙，与它们许许多多的亲戚，如梁龙、重龙、腕龙和圆顶龙等混居在一起，惊天动地地生活在平原上。不过，根据古生物学家对恐龙智商的推测，迷惑龙可能是最笨的恐龙。

迷惑龙小档案

拉丁文学名：*Apatosaurus*
名称含义：骗人的蜥蜴
中文名字：迷惑龙
分类：蜥臀目·梁龙类
食性：植食
体重：24～32吨
身长：26米
身高：4.5米（臀高）
体型特征：有着长长的脖子、鞭状的尾巴
生存时期：侏罗纪晚期
生活区域：美国

比例图

迷惑龙的身体结构
Structure of Apatosaurus

一刻不停地吃吃吃

作为陆地上曾经生存过的最大型生物之一，古生物学者不清楚迷惑龙要吃多少食物，才能满足它巨大体型的日常消耗。迷惑龙很有可能一辈子都在不断地进食，只有在饮水或除去寄生虫时才会停止。迷惑龙的牙齿窄而长，向前突出。这些牙齿会像耙子一样把蕨类和苏铁等植物的叶子扯下来吞下去。在研究化石时，科学家们在迷惑龙的胃部发现了很多鹅卵石。由此判断迷惑龙可能会像鸡一样吞石子来帮助磨碎食物。

四肢犹如擎天柱

迷惑龙的四条腿像四根擎天立柱，支撑着它庞大的身体。在腿的末端，长有大而圆的巨型脚掌，上面有短而粗的脚趾。在行走过程中，大大的脚掌有助于分散体重，使步伐更加坚实稳定。

不能高昂的脖子

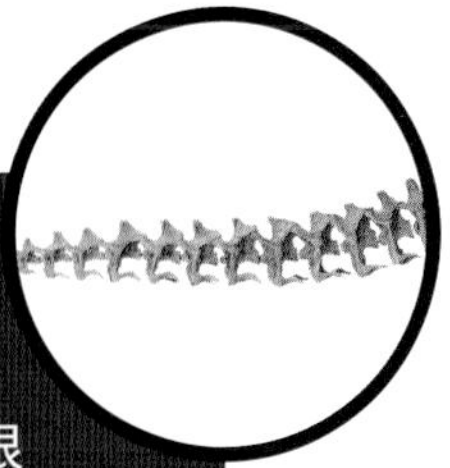

迷惑龙的颈椎短而重，这使得它们显得很粗壮。粗大的脖子意味着更大的重量，也就是说迷惑龙很可能和梁龙一样更喜欢低垂着头部的姿势。多年以前，大家认为迷惑龙的脖子之所以需要这么长，是为了使它们能将头伸到树顶来进食（就像长颈鹿一样）。而近些年的研究这表明，这根长脖子却经常处于下垂至45度的姿态。

可能极为愚蠢

这大块头不一定就有大智慧。脑容量的大小往往决定着动物智商的高低。在已知的所有恐龙当中。就身体和大脑的比例来看，迷惑龙可能是最笨的恐龙，其脑子的重量仅为其体重的十万分之一。

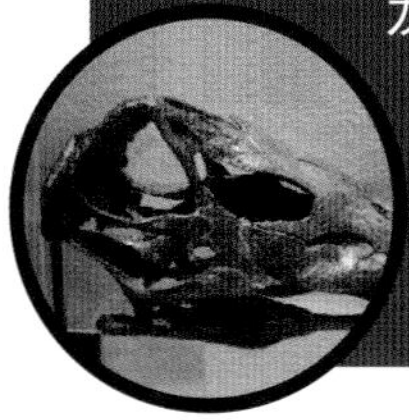

迷惑龙 *Powerful Tail of Apatosaurus* 的必杀尾巴

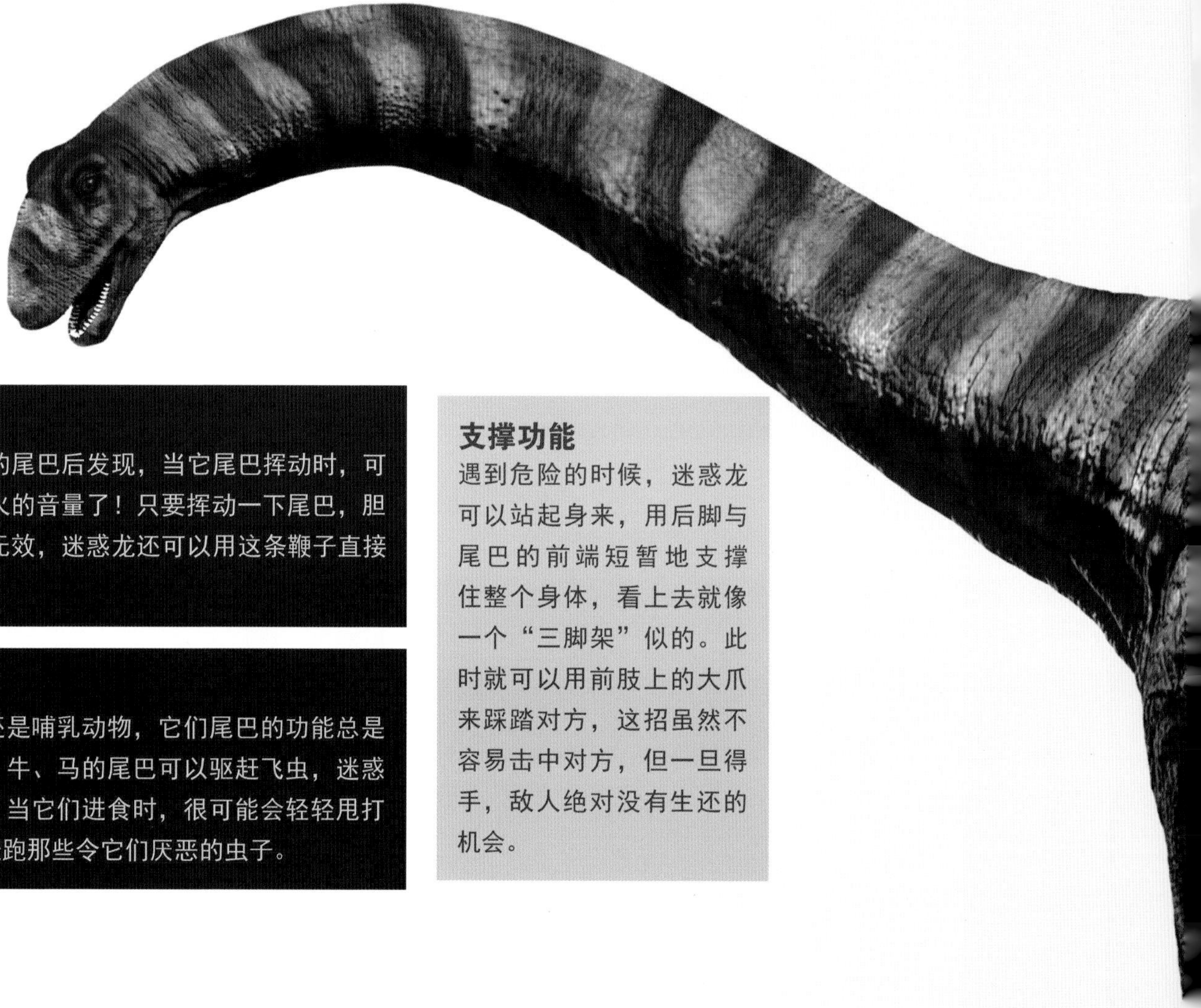

霸王鞭大法——迷惑龙恐怖的尾巴

迷惑龙身后拖着一条长长的尾巴。这条尾巴大约由80块尾椎骨组成，长达13米，足足占了身体的一半，而且它的末端又细又长十分灵活，像极了鞭子。这条“霸王鞭”可是迷惑龙在强敌环绕的侏罗纪晚期求生的“秘密武器”。

防御功能

1997年，电脑工程师与古生物学家用电脑模拟了迷惑龙的尾巴后发现，当它尾巴挥动时，可以发出200分贝以上的声响。这200分贝就相当于大炮开火的音量了！只要挥动一下尾巴，胆子小的掠食者就很可能被吓破了胆仓皇逃窜。如果警告无效，迷惑龙还可以用这条鞭子直接抽向掠食者，让它们尝尝苦头。

迷惑龙化石

驱虫功能

无论是恐龙还是哺乳动物，它们尾巴的功能总是多种多样的。牛、马的尾巴可以驱赶飞虫，迷惑龙也不例外。当它们进食时，很可能会轻轻甩打着尾巴，来赶跑那些令它们厌恶的虫子。

支撑功能

遇到危险的时候，迷惑龙可以站起身来，用后脚与尾巴的前端短暂地支撑住整个身体，看上去就像一个“三脚架”似的。此时就可以用前肢上的大爪来踩踏对方，这招虽然不容易击中对方，但一旦得手，敌人绝对没有生还的机会。

迷惑龙的骨架

迷惑龙的故事 The Story of Apatosaurus
——种族延续

1 庞大的龙群在经过这片生长着茂盛灌木的稀疏林地时，被迫放弃了原先的队形，因为树木不允许它们继续以大队前进，它们只好排成纵队前进。如此一来，它们便容易受到天敌的攻击，于是迷惑龙开始不停地叫了起来，把细长的尾巴抽得噼啪作响。

大地在颤动着，暴腾起的尘雾让大地上一片模糊。在尘土中一群巨大的身影在晃动着，它们仿佛是一座座移动的肉山。没有什么比一百多头迷惑龙迁徙更壮观了，它们的脚踏在地面上的声音如同雷鸣一般。这些巨大的动物迈着沉重的步伐走了几十万米，就是为了重新回到这片富饶的平原。

2 成年的迷惑龙对这片森林有着特殊的记忆，因为它们出生在这里。迷惑龙出生后就会记住它们故乡的味道，以后每到繁殖的季节，它们无论在多么远的地方都会赶回这里。一头年轻的雌迷惑龙在森林的边上已经产下了四十多个蛋，在埋好这些蛋后，它就跟随着族群离开了。

3 三个月后，这些蛋已经孵化成了一头头只有三十厘米长的小迷惑龙，这些小迷惑龙一出生就要依靠自己的力量。它们成群结队地在森林边缘生活，躲避着天敌的威胁。一旦发现任何迷惑龙群，它们就会立刻迈着短小的四肢跟上去。

4 这些依靠本能追逐成年迷惑龙的幼龙至少可以得到两个好处：一个是可以寻求保护，另外一个则是可以在地面捡食被成年迷惑龙弄掉的树芽。面对着平原上各种危险的掠食者，小迷惑龙只能紧紧地靠在高高的“长辈”身边，希望能够得到庇护。

5 但不断出现的异特龙依然夺去了好几只小迷惑龙的生命。这些巨龙的幼年是多灾多难的，如果这些小迷惑龙能在森林中不断发生的袭击中幸存，那它们还有更漫长的旅程要走。七年后，它们将跟随族群重新回到这里，并产下它们自己的孩子。

迷惑龙

的生活

Life of Apatosaurus

生物学家起初认为迷惑龙过于巨大，因此很难在陆地上支撑自己的身体，于是便把迷惑龙“安放”在池塘、沼泽这样的地方，认为它们会让身体沉于水中，借助水的浮力来生存。类似的图片铺天盖地，误导了很多读者。近年的研究其实根本不支持此说法，事实上，就如所有的蜥脚类恐龙一样，迷惑龙是典型的陆栖动物，它们在陆地上行走，以长颈及长尾巴作为平衡身体的工具。贸然进入池塘和沼泽的迷惑龙很可能会陷入水底的淤泥里，因此这样的生活环境对它们来说不仅不合适，反而会有危险。

2008年，古生物学家在美国科罗拉多州的一个采石场发现了未成年迷惑龙的足迹化石，足迹化石显示，这些未成年的迷惑龙可能会抬起前半身，依靠后肢在行走，有些类似现代的伞蜥。

对于防御兽脚类恐龙的攻击，迷惑龙可能是以其巨大的体型及族群行为去制止捕猎者。它们或许会把未成年的迷惑龙保护在身后，自己则用尾巴和四肢的利爪来反击敌人。

迷惑龙每次生下很多蛋，但不照顾自己的孩子。幼龙发育速度很快，只要十年的时间就可以完全发育。对不受亲族保护的幼龙来说，生长速度快可以使它们的体型迅速达到可与掠食者一比高低的水平，增加存活下来的概率。

迷惑龙
的发现
Discovery of Apatosaurus

1877年，马什根据他所发现的化石，将这种恐龙命名为迷惑龙。这个名字的由来是因为迷惑龙的人字形骨与其他恐龙不同，却十分接近海生爬行动物沧龙。由此，马什给它命名为“欺骗的蜥蜴”，即迷惑龙。

迷惑龙是所有恐龙中最受宠爱的一种，它们曾经有一个更广为人知的名字：雷龙（Brontosaurus）。在1903年，有研究指出雷龙其实就是迷惑龙，可是由于“迷惑龙”的名称首先被公布，故以之作为优先名称，而“雷龙”则成了同物异名，从而被废除了。直到一百多年后，事情才出现了转机。

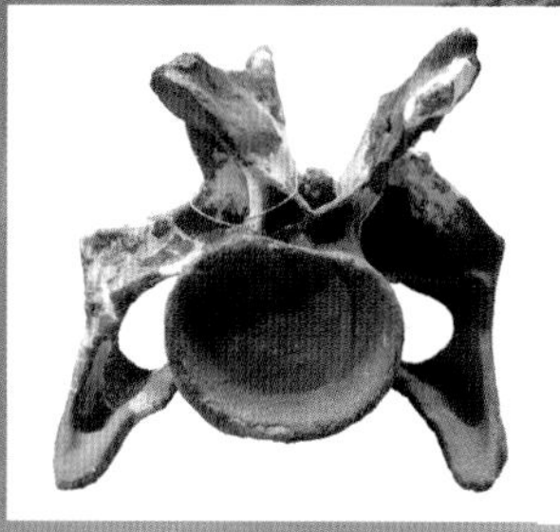

迷惑龙椎体

迷惑龙脚趾化石

在“雷龙”的名称被宣布无效的一百多年后，来自葡萄牙和英国等地的古生物学家们组成了一个研究团队，对蜥脚类恐龙的系统发育学进行了详细的分析。这个研究团队花费了5年的时间对美国和欧洲的各个大学和博物馆等地进行调查，总共分析了保存在博物馆库房中的81个蜥脚类恐龙的化石以及其他材料。

在这次研究中，古生物学家们列出了四百七十余个不同生理学特征，并且对迷惑龙属中不同种类的差异进行了分析。最终的结果很简单：“雷龙”的名称重新变成了有效名，变成了梁龙科下的一个独立属。

迷惑龙的头骨之谜

更换迷惑龙的脑袋是古生物史上一件非常有趣的事情，这件趣事整整持续了近一百年。原来，当1877年古生物学家马什命名迷惑龙时，这件化石并没有发现头骨。到了1883年，这些骨骼已修理完毕，要进行装架展出。但没有头，怎么办？为了顺利展出，马什玩了一个古生物学者经常玩的把戏。他根据自己的主观猜测给化石装上了圆顶龙的头骨，使其看上去更完整。谁曾想这一换，骗了世人数十年。著名的迷惑龙安装的居然是圆顶龙的头部。直到1975年，迷惑龙才终于要回了自己的脑袋。可气的是当年马什的一次把戏，足足让后世几代人为之呕血修正。

迷惑龙宽而扁的头骨。它们棒状的牙齿长在嘴的前部。在取食植物的时候只要张开大嘴咬向植物，软嫩的叶片就会被这些牙齿耙脱下来，被这些贪婪的素食者吞下肚去。

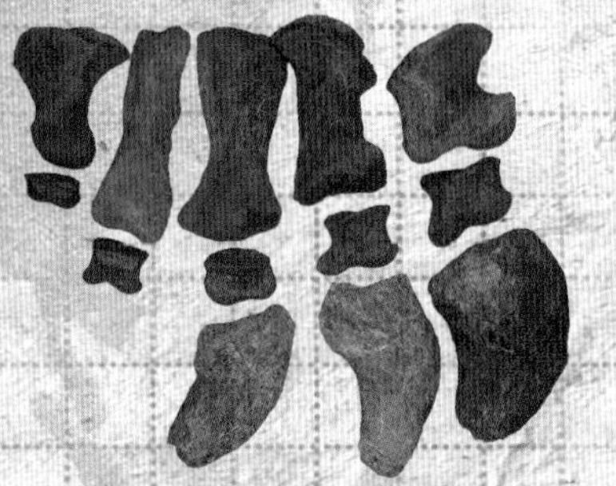

迷惑龙四肢上的大爪。在它们行走的时候，这样的大爪可能用来帮助它们抓紧地面。在遇到敌害的时候也会用来踩踏敌人。它的爪子虽然不锋利，但配上迷惑龙那可怕的体重也会成为威力巨大的武器。

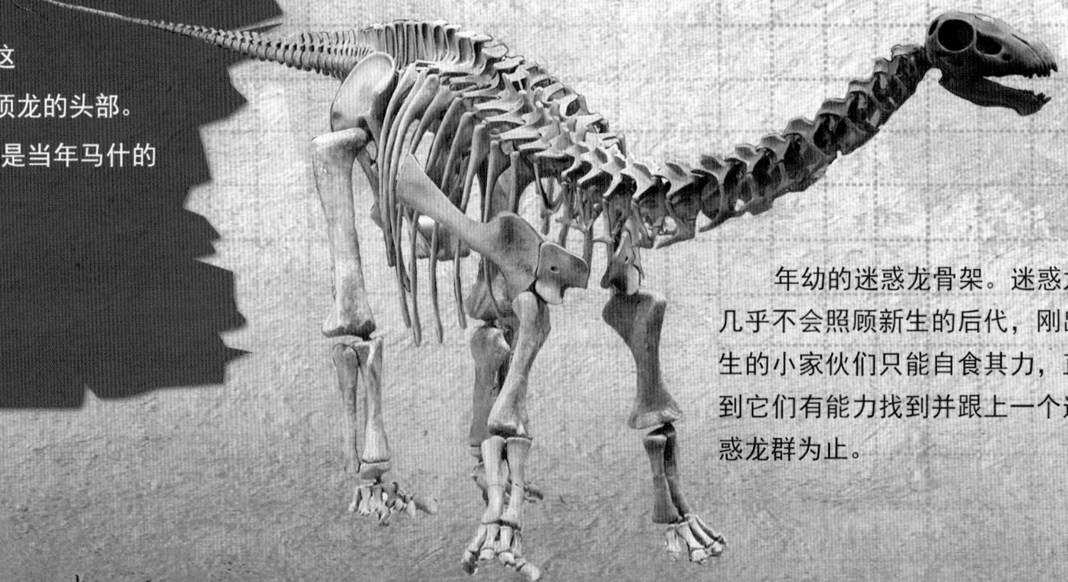

年幼的迷惑龙骨架。迷惑龙几乎不会照顾新生的后代，刚出生的小家伙们只能自食其力，直到它们有能力找到并跟上一个迷惑龙群为止。

Apatosaurus

迷惑龙的化石骨骼装架。图中可以看到迷惑龙长而壮实的脖子。它的颈椎支撑着这条数米长的脖子，在取食的时候，这样一条长颈可以横扫其所能覆盖的一大片植物。此骨架位于美国怀俄明州罗拉米博物馆。

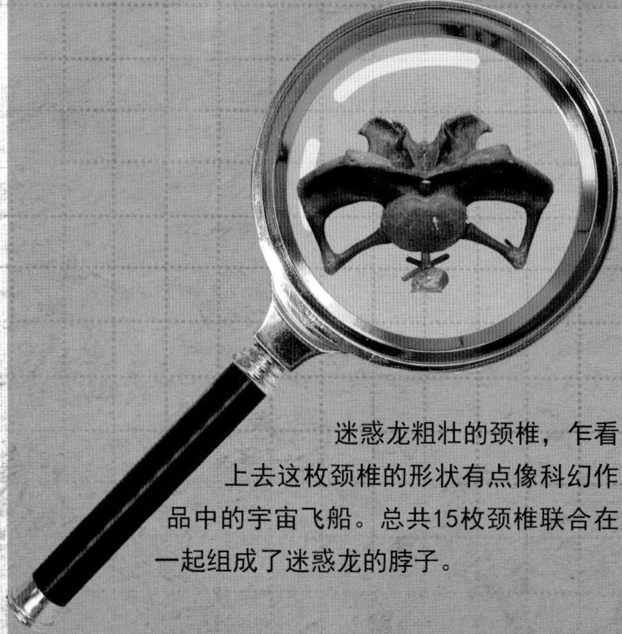

迷惑龙粗壮的颈椎，乍看上去这枚颈椎的形状有点像科幻作品中的宇宙飞船。总共15枚颈椎联合在一起组成了迷惑龙的脖子。

迷惑龙光滑的胃石。因为不能咀嚼，迷惑龙会采取像现代的鸡一样的进食策略。它们会时不时地吞下小石子，利用胃部的蠕动来推动这些石子像榨汁机一样将吃下去的植物磨碎。而它们胃中的小石子随着磨损也变得越来越光滑。

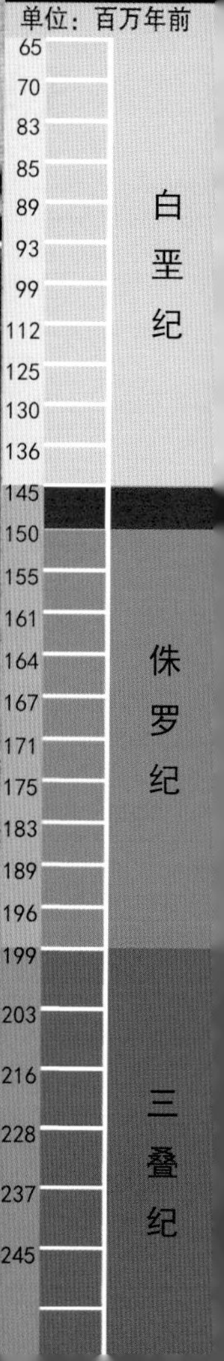

180°
360°
AR 科学体验